JN088054

pandas
データ処理
ドリル

Pythonによるデータサイエンスの腕試し

株式会社ビープラウド、PyQチーム、
斎藤 努、古木 友子｜著

本書内容に関するお問い合わせについて

このたびは翔泳社の書籍をお買い上げいただき、まことにありがとうございます。

弊社では、読者の皆様からのお問い合わせに適切に対応させていただくため、以下のガイドラインへのご協力をお願いいたしております。

下記項目をお読みいただき、手順に従ってお問い合わせください。

❂ ご質問される前に

弊社Webサイトの「正誤表」をご参照ください。これまでに判明した正誤や追加情報を掲載しています。

正誤表　https://www.shoeisha.co.jp/book/errata/

❂ ご質問方法

弊社Webサイトの「刊行物Q&A」をご利用ください。

刊行物 Q&A　https://www.shoeisha.co.jp/book/qa/

インターネットをご利用でない場合は、FAXまたは郵便にて、下記翔泳社愛読者サービスセンターまでお問い合わせください。電話でのご質問は、お受けしておりません。

❂ 回答について

回答は、ご質問いただいた手段によってご返事申し上げます。ご質問の内容によっては、回答に数日ないしはそれ以上の期間を要する場合があります。

❂ ご質問に際してのご注意

本書の対象を越えるもの、記述箇所を特定されないもの、また読者固有の環境に起因するご質問等にはお答えできませんので、あらかじめご了承ください。

❂ 郵便物送付先およびFAX番号

送付先住所　〒160-0006　東京都新宿区舟町5
FAX番号　　03-5362-3818
宛先　　　　㈱翔泳社 愛読者サービスセンター

※本書に記載されたURL等は予告なく変更される場合があります。
※本書の対象に関する詳細はivページをご参照ください。
※本書の出版にあたっては正確な記述につとめましたが、著者や出版社などのいずれも、本書の内容に対して何らかの保証をするものではなく、内容やサンプルに基づくいかなる運用結果に関してもいっさいの責任を負いません。
※本書に掲載されているサンプルプログラムやスクリプト、および実行結果を記した画面イメージなどは、特定の設定に基づいた環境にて再現される一例です。
※本書に記載されている会社名、製品名はそれぞれ各社の商標および登録商標です。
※本書の内容は、2022年10月執筆時点のものです。

はじめに

　本書は、Python と pandas の基本的な操作を学んだ入門者が、中級者にランクアップするための問題集です。入門書だけでは得られない、実践的な力を身につけるために作られました。

　今日、Python を取り巻くデータサイエンスの実務の中で、pandas は欠かすことのできないライブラリーです。pandas には豊富な機能が用意されていますが、実務で使いこなすためには自分の頭で考え、手を動かして試行錯誤することが重要です。また、他の人が書いたコードを読むことで「そんな効率のよい書き方、知らなかった！」といった新たな気づきを得ることも、スキルの向上につながります。

　そのため本書では、pandas を使ったプログラミングの腕試しができるように、9 つのトピックについて全部で 51 個の問題を用意しました。各問題にはメインとなる模範解答以外にも「別解」を用意し、なるべくいろいろな考え方に触れられるよう構成しています。ぜひチャレンジしてみてください。

　なお本書は、Python のオンライン学習サービスである PyQ® のコンテンツをもとに執筆されました。PyQ とは、Python による長年の開発経験を持つ株式会社ビープラウドが開発・運営する学習サービスで、1500 問以上もの Python に関する問題を提供しています。本書は、PyQ 上の pandas に関する教材やユーザーから寄せられた質問をベースに再構築したものです。

　本書は、ご自身の PC で Jupyter 環境（JupyterLab／Jupyter Notebook）を使って解くことも可能ですが、PyQ と併用することでより効率的な学習が行えます。PyQ では書いたコードの出力が期待する結果と一致するか自動で判定できるため、「こんな書き方もできるんじゃないかな？」と思ったコードを試したいときに便利です。本書では購入者特典として、本書に関連する PyQ コンテンツを 1 か月間無料で利用できるキャンペーンコードを用意しています。ぜひ本書と PyQ を併用してみてください。

　本書や PyQ が、読者のさらなる pandas 力の向上に繋がることを心より願っております。

本書の読者対象と構成および読み進め方について

こんな方におすすめ

pandasでもっと効率的な書き方を知りたい方や、知識を広げたい方におすすめです。次の知識を前提としており、pandasの初級者から中級者向けの内容になっています。

- Pythonの基本的な文法
- pandasの基本的な使い方
- NumPyの基本的な使い方

本書の構成と読み進め方

本書は、9つのトピックについて全部で51個の問題を用意しています。基本的な問題からより応用的な問題を扱う順で構成されていますが、各問題は独立しているため、どこから読み始めても構いません。

第1章では、本書の問題を解くにあたって最低限知っておいて欲しいpandasの知識をまとめました。すでにpandasに慣れている方は、読み飛ばしても構いません。第2章〜第4章では、ファイルの読み込み・選択・確認など、本格的なデータ処理の前に必要となるようなトピックを扱っています。第5章〜第7章では、データの加工や演算、変形、グループ化など、pandasの一般的なデータの前処理方法を扱っています。第8章と第9章では、それぞれ文字列型と日付時刻型特有のデータ処理を取り上げています。最後に第10章では、Jupyter上でデータを確認する際の表示のカスタマイズ方法について扱います。

問題は1節で1問出題され、メインとなる解答の他に「別解」を紹介しています。pandasにはたくさんの機能がある分、同じ結果に至る処理でも複数の方法があることがあります。普段の書き方とは別にもっと効率がよいやり方がないか、確認してみるとよいでしょう。

本書の問題は、Jupyter環境（JupyterLab／Jupyter Notebook）で解くことを想定しています。普段使っている自分のPCで解きたい場合は、サポートページからデータをダウンロードして問題を解いてください[1]。また、Pythonのオンライン学習サービスであるPyQのアカウントがあれば、本書に対応した問題をWebブラウザー上で解くこともできます。PyQ上で問題を解く場合は、書いたコードの出力が期待する結果と一致するか自動で判定できるため、答え合わせが効率的にできます[2]。

[1] ローカルPCのJupyter環境で解く方法については第0章第0.2節「使い方（2）ローカルPCのJupyter上で解く」参照。

[2] PyQで解く方法については第0章第0.1節「使い方（1）PyQ上で解く」参照。

本書のサンプルの動作環境とサンプルプログラムについて

本書のサンプルの動作環境

第0章「本書の使い方」でご確認ください。

付属データのご案内

付属データ（本書記載のサンプルコード）は、以下のサイトからダウンロードできます。

・付属データのダウンロードサイト

URL https://www.shoeisha.co.jp/book/download/9784798170862

注意

付属データに関する権利は著者および株式会社翔泳社が所有しています。許可なく配布したり、Webサイトに転載したりすることはできません。

付属データの提供は予告なく終了することがあります。あらかじめご了承ください。

会員特典データのご案内

会員特典データは、以下のサイトからダウンロードして入手いただけます。

・会員特典データのダウンロードサイト

URL https://www.shoeisha.co.jp/book/present/9784798170862

注意

会員特典データをダウンロードするには、SHOEISHA iD（翔泳社が運営する無料の会員制度）への会員登録が必要です。詳しくは、Webサイトをご覧ください。

会員特典データに関する権利は著者および株式会社翔泳社が所有しています。許可なく配布したり、Webサイトに転載したりすることはできません。

会員特典データの提供は予告なく終了することがあります。あらかじめご了承ください。

∷ 免責事項

　付属データおよび会員特典データの記載内容は、2023年3月現在の法令等に基づいています。

　付属データおよび会員特典データに記載されたURL等は予告なく変更される場合があります。

　付属データおよび会員特典データの提供にあたっては正確な記述につとめましたが、著者や出版社などのいずれも、その内容に対してなんらかの保証をするものではなく、内容やサンプルに基づくいかなる運用結果に関してもいっさいの責任を負いません。

　付属データおよび会員特典データに記載されている会社名、製品名はそれぞれ各社の商標および登録商標です。

∷ 著作権等について

　付属データおよび会員特典データの著作権は、著者および株式会社翔泳社が所有しています。個人で使用する以外に利用することはできません。許可なくネットワークを通じて配布を行うこともできません。個人的に使用する場合は、ソースコードの改変や流用は自由です。商用利用に関しては、株式会社翔泳社へご一報ください。

2023年3月
株式会社翔泳社　編集部

Prologue **PyQ で Python や pandas を学ぶ** 001

第 0 章 **本書の使い方** 005

第 1 章 **pandas の基礎知識** 021

第2章 データを入出力しよう 067

第3章 データの概要を確認しよう 079

第4章 データを部分的に参照しよう 091

第 5 章　データを変形しよう　111

第 6 章　データを加工・演算しよう　143

第7章　データをグループ化しよう　　177

第8章　文字列を操作しよう　　205

第9章　日付時刻型のデータを操作しよう　243

第 **10** 章 **テーブル表示を見やすくしよう** 307

Prologue

PyQ で Python や
pandas を学ぶ

本章では、本書の元になったプログラミング学習サービス「PyQ」について紹介します。

P.1 PyQ とは

PyQ とは、株式会社ビープラウド[1]が提供する Python のオンライン学習サービスです。

PyQ の特徴の 1 つは、Web ブラウザー上でプログラミング学習を進められる点です。そのため、自分で環境構築を行う必要がなく、すぐに学習を開始できます。1500 問以上の問題が用意されており、PyQ のエディター画面でコードを動かしながら学ぶことで知識を定着させます。現在[2]まで累計で 3 万 6 千人以上に利用されており、企業や教育機関におけるプログラミング研修でも多数利用されています。

- PyQ | Python で一歩踏み出すあなたのための、独学プラットフォーム
  `URL` https://pyq.jp/

- PyQ で学習できるカリキュラム

プログラミングの基本	Python 入門〜中級	Python 文法速習
ユニットテスト、設計	Web アプリ開発	Django
スクレイピング	データ分析	機械学習
統計入門	アルゴリズム	数理最適化と問題解決

本書は、PyQ の pandas に関する教材やユーザーから寄せられた質問を、書籍として再構成したものです。

---

[1] ビープラウド株式会社（`URL` https://www.beproud.jp/）は、2008 年より Python を主言語として採用、Python を中核にインターネットプラットフォームを活用したシステムの自社開発・受託開発を行う。優秀な Python エンジニアがより力を発揮できる環境作りに努め、Python 特化のオンライン学習サービス「PyQ（パイキュー）」・システム開発者向けクラウドドキュメントサービス「TRACERY（トレーサリー）」などを通してそのノウハウを発信。IT 勉強会支援プラットフォーム「connpass（コンパス）」の開発・運営や勉強会「BPStudy」の主催など、技術コミュニティ活動にも積極的に取り組む。

[2] 2023 年 1 月現在。

P.2　本書とPyQの併用・購入特典

　本書に掲載している問題は、PyQ上でも学習できます。PyQではプログラムの自動判定システムが用意されているため、本書の問題に対し自分の解答（コード）が正しいか簡単に検証できます。本書で紹介している解答例以外にも「この問題はこの書き方でも解けるのではないか？」と試したい場合に便利です。

PyQの「クエスト」形式

PyQでは、インターネットに接続すればすぐに始められる
「クエスト」という単位で学習を進めていきます。

01. いつでも / どこでも / 自分のペースで

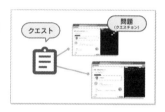

1つのクエストは数単元、10分〜30分程度で
学べる分量で、隙間時間の学習でも効率的。
600クエスト/1500問を越える豊富な
コンテンツを自由に学習できます。

02. 読む / 書く / 動かすサイクルで
丁寧に理解し、使える知識へ

現役Pythonエンジニアによる
実務的なコードが教材です。
書いて動きを理解し、解説で確認。
納得しながら学び、実践力を身につけます。

03. 豊富な分野から、迷わず学べる

広く深いコンテンツで迷わないよう、
クエストは「コース」「ランク」「パート」
にまとめられています。
データ分析/Web開発など興味に合わせて
体系的に学習できます。

図P.1：PyQの特徴

本書の購入者には、PyQ上で本書に関連するコンテンツを1か月間無料で利用できるキャンペーンコードを用意しています。

詳しくは、第0.1節「使い方（1）PyQ上で解く」を参照してください。

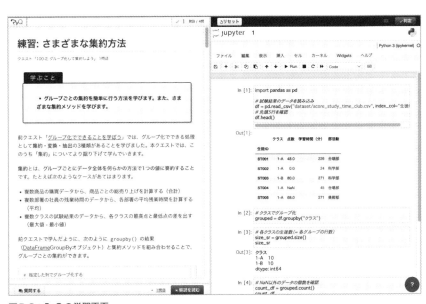

図P.2：PyQの学習画面

第0章

本書の使い方

本書は、9つのトピックについて全部で51個の問題を用意しています（第2章
～第10章）。基本的な問題からより応用的な問題を扱う順で構成されています
が、各問題は独立しているため、どこから読み始めても構いません。

各問題は、それぞれ次のように構成されています。

- **問題**：問題と期待する結果です。
- **解答**：解答例のコードと解説です。
- **別解**：「解答」とは別の解き方がある場合、別解を紹介しています。
- **補講**：「解答」や「別解」で扱った知識について補足がある場合や、より発展
  的な内容を扱う場合は、補講で説明をします。

本書の問題は、Jupyter NotebookやJupyterLab（以降、まとめてJupyterと表
記）で解くことを想定しています。本章では、次の2通りの使い方を紹介します。

- 使い方（1）PyQ上で解く
- 使い方（2）ローカルPCのJupyter上で解く

0.1 使い方（1）PyQ上で解く

　Pythonのオンライン学習サービスPyQ[1]上で、本書に対応した問題をWebブラウザー上で解くことができます。PyQでは、書いたコードの出力が期待する結果と一致するか自動で判定できるため、答え合わせが効率的にできます[2][3]。

本書に対応するPyQコンテンツ

- ランク「pandasデータ処理ドリル」
  `URL` https://pyq.jp/quests/#rank-pydata_drill

　本書のキャンペーンコードを利用することで、1か月間無料で利用できます。次項の手順にしたがってアカウントを作成して問題を解いてください。

　なお、既にPyQのアカウントを持っていて現在休会中の方は、下記のURLにアクセスすることでキャンペーンを利用できます。アクセス後、既存のアカウントでログインしてご利用ください。

`URL` https://pyq.jp/account/join/campaign/?pyq_campaign=start_pandas_drill

> **Memo**
>
> **本書で紹介する手順について**
>
> 本手順は2022年9月執筆時点のものです。今後のサービス改善により、手順や画面が変わる可能性があります。本書掲載の内容と実際の画面が異なる場合、下記URLから手順を確認してください。
>
> `URL` https://docs.pyq.jp/reading/pandas_drill.html

[1] PyQについて、詳しくはPrologue「PyQでPythonやpandasを学ぶ」を参照してください。
[2] PyQでは使用ライブラリーのバージョンを常に更新しているため、コードの書き方が本書とは異なることがあります。
[3] 一部、自動判定に対応していない問題があります。

PyQアカウントの作成

アカウントの作成手順は以下の通りです。

1 PyQ（ URL https://pyq.jp/）にアクセスし、 学習を始める ボタンをクリックします。

2 ユーザー名、メールアドレス、パスワードを記入して、 個人ユーザー登録 ボタンをクリックします。

3 クレジットカード登録画面が表示されるので、画面下部にある 無料キャンペーンでPyQを始める場合はこちらから をクリックします（図0.1）。

図0.1：無料キャンペーンを選択

4 無料キャンペーン登録画面が表示されるので、 カードを登録 をクリックして、クレジットカードを登録します（この時点では課金は発生しません）。

図0.2：カードを登録

5 　キャンペーンコード入力 をクリックして、入力欄に次のキャンペーンコードを入力して保存します（図0.3）。

1か月無料キャンペーンコード：
start_pandas_drill

図0.3：キャンペーンコードを入力

6 　最後に 無料キャンペーンを適用する をクリックします（図0.4）。

図0.4：無料キャンペーンの適用

Memo

キャンペーンコードについて

キャンペーンコードを利用することで、本書に関連するコンテンツを1か月間無料で解くことが可能です。

キャンペーンを利用した場合、クレジットカードを登録していても課金は発生しません。また、キャンペーン期間終了時には自動的に問題が解けなくなります。自動的に課金されることはないのでご安心ください。

キャンペーン終了後もPyQを使った学習を継続したい場合は、後述の「キャンペーン終了後のPyQの利用」を参照してください。

7 「PyQを始めよう！」画面が表示されるので、PyQを始めるをクリックします。

8 PyQのチュートリアルが始まるので、画面の指示にしたがって操作をします（スキップすることも可能です）。

9 チュートリアル終了（またはスキップ）後、画面上部のメニューバーから コース → 学習中のコース をクリックすると、適用中のキャンペーンで利用可能なコンテンツが表示されます。

本書の問題を解く

　本書に対応したPyQのコンテンツは、ランク「pandasデータ処理ドリル」（URL https://pyq.jp/quests/#rank-pydata_drill）で実施できます。

　PyQのコンテンツは、図0.5のようなランク・パート・クエスト・問題（クエスチョン）の階層構造で構成されています。それぞれ「ランク」が本書全体、「パート」が本書の章、「クエスト」が本書の節の内容に対応しています。

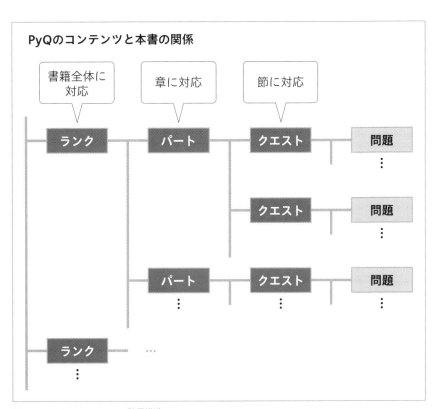

図0.5：PyQのコンテンツの階層構造

1　ランク「pandasデータ処理ドリル」（ URL https://pyq.jp/quests/#rank-pydata_drill）を開き、解きたいパートをクリックします（図0.6）。

図0.6：ランクの目次からパートを選択

2 パートの目次が表示されるので、本書の解きたい節に対応したクエストをクリックします（図0.7）。

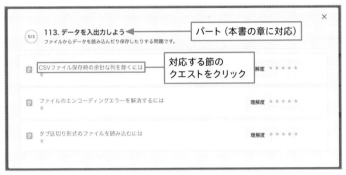

図0.7：パートの目次からクエストを選択

3 クエスト画面が表示されるので、クエストを始める をクリックして学習を開始します（図0.8）。

図0.8：クエスト画面

4 エディター画面が表示されます。左側に「問題」、右側に「初期コード」[4]が表示されています（図0.9）。

---

[4] PyQでは、データの準備などのコードはあらかじめ初期コードとして入力されています。初期コードが入力されたセルは画面を表示した時点では未実行の状態なので、動作確認を行う場合は最初のセルから順番に実行してください。

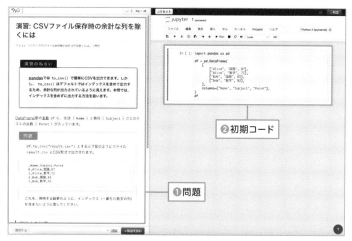

図0.9：エディター画面

5 左側の「問題」の下にある「期待する結果」を確認して、右側のJupyter に解答となるコードを入力します。画面右上の 判定 ボタンをクリックするとプログラムの判定が実行されます（図0.10）[5]。

図0.10：解答コードの入力

---

[5] 判定 ボタンを押す前に、Jupyterのセルを実行してコードの動作確認をすることも可能です。通常の Jupyter同様に、ツールバーの ▶Run を実行するか、Shift+Enter でセルを実行できます。なお PyQでは問題（クエスチョン）を切り替えるとセルの実行状態がリセットされます。そのため、別の問題に切り替えた場合は最初のセルからもう一度実行し直してください。

6　コードの実行結果が期待通りの場合、右側中央部のバーが緑色に変わり、左側に解説と模範解答が表示されます（図0.11）。

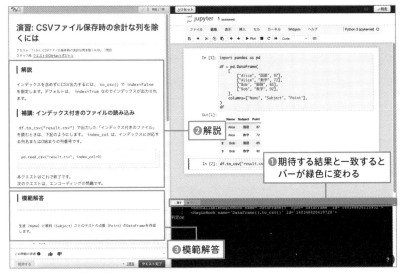

図0.11：解説と模範解答

Memo

解答がわからないときは

解答がわからない場合や、意図通り動作しない場合は、画面左の下側にある模範解答を見る ボタンをクリックすることで解答を確認できます（図0.12）。

図0.12：模範解答を見る

7 解説を読んだら、画面中央下の **クエスト完了** ボタンをクリックします（図0.13）。

図0.13：クエストの完了

8 クエスト完了ダイアログが表示されます。クエスト完了ダイアログでは、学習の理解度や学習ノートを残すことが可能です。 **次のクエストへ** をクリックすると、次のクエストに移動できます（図0.14）。

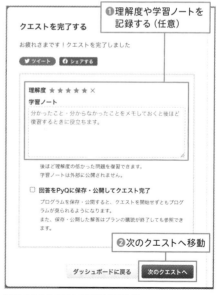

図0.14：クエスト完了ダイアログ

Memo
「学習の理解度」と「学習ノート」の機能について

クエスト完了ダイアログで学習の理解度を記録すると、「すべての問題」画面
（**URL** https://pyq.jp/quests/）で理解度の状況に応じた検索が可能になります
（図0.15）。理解が曖昧で後から復習したいクエストのブックマーク代わりに使う
と便利です。

また学習ノートで記録した内容は、クエスト画面上で確認できます（図0.16）。こ
の他、クリア済みの問題はエディター画面を開かなくてもクエスト画面上で内容を
確認できるので、復習する際に便利です。

図0.15：学習の理解度による検索（「すべての問題」画面）

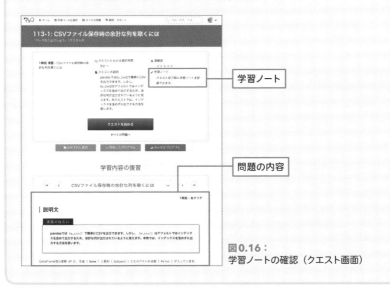

**図0.16：
学習ノートの確認（クエスト画面）**

キャンペーン終了後のPyQの利用

　1か月間の無料キャンペーン終了後は、自動的にPyQ上の問題が解けなくなります。引き続きPyQを利用したい場合は、設定画面のプラン・請求（ URL https://pyq.jp/account/settings/billing/）からプランを購入することで学習を再開できます。

使い方（2）ローカルPCの Jupyter上で解く

本書のサポートページから必要なデータをダウンロードし、ご自身のPCの Jupyter環境で解く方法です。次の手順にしたがって環境構築やデータのダウンロードを行ってください。

環境構築

本書は、以下の環境で動作確認をしています。

- **OS**：macOS
- **Python**：3.11
- **pandas**：1.5.2
- **JupyterLab**：3.5.1
- **Matplotlib**：3.6.2

Pythonのインストールは、下記のURLの内容を参考にして行ってください。

- **Python環境構築ガイド | Python.jp**
  `URL` https://www.python.jp/install/install.html

Pythonをインストールしたら、標準の実行環境に影響を与えないように、仮想環境で作業をすることをおすすめします。作業用のフォルダを作成し、そのフォルダがカレントになるようにターミナルやコマンドプロンプトを開いて下記を実行してください。

⋮ macOS/Linux の場合

```
python3 -m venv venv
source venv/bin/activate
```

Windowsの場合

```
python -m venv venv
venv\Scripts\activate
```

本書で使用するライブラリーは、下記コマンドでインストールできます。

```
pip install --upgrade pip
pip install pandas==1.5.2 jupyterlab==3.5.1 matplotlib==3.6.2
```

Jupyterの起動

下記コマンドを実行すると、JupyterLabが起動してブラウザーが開きます。

```
jupyter lab
```

データのダウンロード

下記のサポートページから必要なファイルをダウンロードし、学習を行う作業用フォルダに配置してください。

- 本書のサポートページ
  URL https://www.shoeisha.co.jp/book/download/9784798170862

配布データは以下のような構成になっています。

- フォルダ
  ・ch01.ipynb（第1章のNotebook）
  ・ch02.ipynb（第2章のNotebook）
  　⋮
  ・dataset（問題で使用するデータが格納されたフォルダ）

各章のNotebookには、各問題の初期コードが記入されています。本書を読みながら解答を入力して使用してください。

本書の表記について

本書の各問題のソースコードでは、共通の処理を省略して掲載しています。下記のインポート処理は、Jupyter上で事前に実行しているものとして読み進めてください。また、断りなくNumPyやpandasの省略形（**np**や**pd**）を使用しています。

```
import numpy as np
import pandas as pd
```

また本書では、列の参照方法として**df[列名]**と**df.列名**の両方を用いています。

また、実行結果などでDataFrameの一部の行を省略して記載していることがあります。そのため、Jupyter上で実際に表示される行数と異なることがあります。

用語について

本書では、DataFrameの各部分を次の用語で呼んでいます（図0.17）。

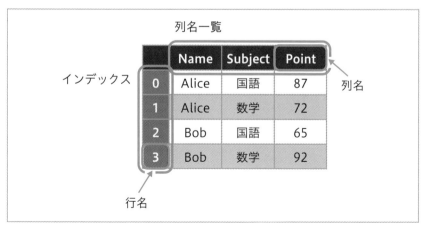

図0.17：DataFrameの各部分の用語

- 行名：行ごとにつけられる名前のこと。デフォルトでは0から始まる通し番号だが文字列なども指定可能。公式ドキュメント[6]の row label に相当する。
- インデックス：本書では、行名の集合のこと。型は pandas.Index。
- 列名：列ごとにつけられる名前のこと。公式ドキュメントの column label に相当する。
- 列名一覧：本書では、列名の集合のこと。型は pandas.Index。

　また、本書では通し番号は0始まりとし、順番は1始まりとします。たとえば、表の先頭行は0行目ではなく1行目と呼びます。同様にリストの先頭は、0番目ではなく1番目と呼びます。

---

[6] Intro to data structures | pandas公式ドキュメント
　　URL https://pandas.pydata.org/docs/user_guide/dsintro.html#dataframe

第 1 章

pandas の基礎知識

本章では、本書の問題を解く上で最低限知っておいて
欲しいpandasの知識について、簡単にまとめています。

1.1 データの参照と更新 (`loc` / `iloc`)

DataFrameとSeriesの`loc`と`iloc`は、データの参照や更新を行うための基本的な機能です。

構文1.1のように、行や列を指定することでデータを参照できます。なお、`df`はDataFrame型の変数を、`sr`はSeries型の変数を意味します。

構文1.1：データの参照

```
df.loc[行の指定, 列の指定]
sr.loc[行の指定]
df.iloc[行の指定, 列の指定]
sr.iloc[行の指定]
```

また、構文1.2のように＝で新しい値を代入すると、指定した行や列のデータを更新できます。

構文1.2：データの更新

```
df.loc[行の指定, 列の指定] = 新しい値
sr.loc[行の指定] = 新しい値
df.iloc[行の指定, 列の指定] = 新しい値
sr.iloc[行の指定] = 新しい値
```

`loc`では、行名や列名を使って行や列を指定します。これに対し、`iloc`は行番号や列番号を使って指定します。行番号・列番号とは、0から始まる通し番号です。

`loc`と`iloc`では、さまざまな記法が使えます。主に使うものを、表1.1と表1.2にまとめました。なお、表内の※がついた記法には省略形があります。省略形も含め、各指定方法の詳細は次の項以降で説明します。

表1.1：DataFrame.locとSeries.locの場合

指定方法	意味	記述例
コロン	全行（全列）	df.loc[:, :]
行名（列名※）	指定された行（列）	df.loc[10] df.loc[:, "Name"]
行名のスライス※ （列名のスライス）	スライスで指定された行（列）	df.loc[10:20] df.loc[:, "Name":"Point"]
行名のリスト （列名のリスト※）	リストで指定された行（列）	df.loc[[10,20]] df.loc[:, ["Name"]]
行の比較結果※ （列の比較結果）	比較結果がTrueの行（列）	df.loc[df["Point"] >= 80]

表1.2：DataFrame.ilocとSeries.ilocの場合

指定方法	意味	記述例
コロン	全行（全列）	df.iloc[:, :]
行番号（列番号）	指定された行（列）	df.iloc[0] df.iloc[:, 0]
行番号のスライス※ （列番号のスライス）	スライスで指定された行（列）	df.iloc[:2] df.iloc[:, :2]
行番号のリスト （列番号のリスト）	リストで指定された行（列）	df.iloc[[0, 1]] df.iloc[:, [0]]

行名・列名によるデータの参照・更新（loc）

　DataFrame.locは、行名や列名でデータの取得や代入ができます。
Series.locは、行名でデータの取得や代入ができます。

　リスト1.1のdfとリスト1.2のsrを使って、主な指定方法について順番に
確認します。

リスト1.1：説明で用いるdf

```
In

df = pd.DataFrame(
    [["Alice", 87], ["Bob", 65], ["Carol", 92]],
    columns=["Name", "Point"],
    index=[10, 20, 30],
)
df
```

```
Out
```

	Name	Point
10	Alice	87
20	Bob	65
30	Carol	92

リスト1.2：説明で用いるsr

```
In

sr = df.Name   # df["Name"]とも書けます
sr
```

```
Out

10    Alice
20      Bob
30    Carol
Name: Name, dtype: object
```

コロンによる指定

　行の指定や列の指定におけるコロン（:）は、全行や全列を意味します。もし列の指定を省略すると、:とみなされます。たとえば、df.loc[行の指定]はdf.loc[行の指定, :]と同じ結果になります。

行名（列名）による指定

`df.loc[行名]` は、指定した行（Series）になります（リスト1.3）。

リスト1.3：行名による指定①

```
In
df.loc[10]
```

```
Out
Name     Alice
Point       87
Name: 10, dtype: object
```

`sr.loc[行名]` は、指定した行の要素になります（リスト1.4）。

リスト1.4：行名による指定②

```
In
sr.loc[10]
```

```
Out
'Alice'
```

列名を使った指定は、`df.loc[:, 列名]` のように記述します。結果は Seriesになります（リスト1.5）。

リスト1.5：列名による指定

```
In
df.loc[:, "Name"]
```

```
Out
10     Alice
20       Bob
30     Carol
Name: Name, dtype: object
```

⸭ 列名による指定の省略形

　列の指定では、省略形として df [列名] が使えます。たとえば、リスト 1.6 の 2 行は同じ結果になります。

リスト1.6：列名による指定とその省略形

```
In
df.loc[:, "Name"]
df["Name"]
```

　簡潔に記述できるため、実務では省略形を使うことをおすすめします。

　ただし、リスト 1.7 のように省略形に行名を指定して更新しようとすると警告がでます。

リスト1.7：行名と列名による更新で警告

```
In
df2 = df.copy()
df2["Name"][20] = "Bill"
```

　これは、df2 ["Name"] がコピーを返す可能性があり、その場合更新が無視されるからです。行名を指定して更新したい場合は、リスト 1.8 のように loc を使いましょう。

リスト1.8：行名と列名による更新

```
In
df2.loc[20, "Name"] = "Bill"
```


⸭ 行名のスライス（列名のスライス）による指定

　df.loc [行名1 : 行名2] のように行名のスライスを使って指定すると、行名 1 から行名 2 までの行を抜き出した DataFrame や Series になります。リストのスライスに似ていますが、リストでは終了位置の要素を含まないのに対し、loc では終了位置の行を含みます。たとえば、リスト 1.9 は行名が 20 の行を含みます。

リスト1.9：行名のスライスによる指定

`In`

```
df.loc[10:20]
```

`Out`

	Name	Point
10	Alice	87
20	Bob	65

`In`

```
sr.loc[10:20]
```

`Out`

```
10    Alice
20    Bob
Name: Name, dtype: object
```

　列名のスライスも同様です。df.loc[行の指定, 列名1:列名2]のように、列名のスライスを使って指定すると、列名1から列名2までの列を抜き出したDataFrameになります（リスト1.10）。なお、行名のスライス同様、終了位置の列名2を含みます。

リスト1.10：列名のスライスによる指定

`In`

```
columns = ["Jan", "Feb", "Mar", "Apr"]
df4 = pd.DataFrame([[1, 2, 3, 4]], columns=columns)
df4.loc[:, "Feb":"Apr"]
```

`Out`

	Feb	Mar	Apr
0	2	3	4

∷ 行名のスライスによる指定の省略形

　行名が文字列型の場合、df.loc[行名のスライス]はlocを省略して df[文字列のスライス]のように記述できます。

　リスト1.11は、行名を文字列型にしたdf3のスライスの例です。

リスト1.11：行名のスライスによる指定の省略形①

```
In
df3 = df.copy()
df3.index = df3.index.astype(str)
df3["10":"20"]
```

```
Out
```

	Name	Point
10	Alice	87
20	Bob	65

　Seriesの場合も同様です。リスト1.12は、行名を文字列型にしたsr2のスライスの例です。

リスト1.12：行名のスライスによる指定の省略形②

```
In
sr2 = sr.copy()
sr2.index = sr2.index.astype(str)   # 行名を文字列型に変換
sr2["10":"20"]
```

```
Out
10      Alice
20        Bob
Name: Name, dtype: object
```

　実務で使う場合は、混乱を避けるためにインデックスがソートされた状態で使うことをおすすめします。

具体的に、ソートされていないSeriesを使って確認してみましょう。リスト1.13のコードでは「行名"10"から行名"20"まで」を指定していますが、インデックスがソートされていないため、結果は空になっています。

リスト1.13：ソートされていないインデックスを使った例

```
In
sr3 = sr.copy()
sr3.index = ["20", "10", "30"]   # ソートされていないインデックス
sr3["10":"20"]
```

```
Out
Series([], Name: Name, dtype: object)
```

インデックスがソートされた状態だと、存在しない行名も指定できます。たとえば、リスト1.14のコードでは「行名"10"から行名"3"まで」を指定しています。sr2のインデックスには"3"は存在しませんが、文字列の辞書順は"10", "20", "3", "30"なので、範囲に該当する最初の2行（"10"と"20"）が参照されます。

リスト1.14：行名のスライスによる指定の省略形③

```
In
sr2["10":"3"]
```

```
Out
10     Alice
20       Bob
Name: Name, dtype: object
```

なお、この省略形が使えるのは行名が文字列型のときだけです。もしdf[数値のスライス]と記述すると、df.iloc[行番号のスライス]とみなされるので注意しましょう[1]。

---

[1] Series も同様です。

行名のリスト（列名のリスト）による指定

行の指定に行名のリストを指定すると、指定した行を抜き出したDataFrame
やSeriesになります（リスト1.15）。

リスト1.15：行名のリストによる指定

```
In
df.loc[[10, 30]]
```

```
Out
```

	Name	Point
10	Alice	87
30	Carol	92

```
In
sr.loc[[10, 30]]
```

```
Out
10    Alice
30    Carol
Name: Name, dtype: object
```

列名のリストも同様です。指定した列を抜き出したDataFrameになります
（リスト1.16）。

リスト1.16：列名のリストによる指定

```
In
df.loc[:, ["Name"]]
```

```
Out
```

	Name
10	Alice
20	Bob
30	Carol

列名のリストによる指定の省略形

`df.loc[:, 列名のリスト]` は、`loc` を省略して `df[列名のリスト]` と記述できます。たとえば、リスト1.17の2行は同じ結果になります。

リスト1.17：列名のリストによる指定の省略形

| In |

```
df.loc[:, ["Name"]]
df[["Name"]]
```

この書き方は、実務でDataFrameから分析に必要な列を抜き出す際によく使われます。

行の比較結果による指定

`df.loc[行の比較結果]` や `sr.loc[行の比較結果]` は、比較結果がTrueになる行を抜き出したDataFrameやSeriesになります。行の比較結果の指定方法については、第1章1.2節の「行の絞り込み（ブールインデックス）」も参考にしてください。

たとえば、`df` に対し「列Pointが80以上の行」を抜き出すとリスト1.18のようになります。

リスト1.18：行の比較結果による指定①

| In |

```
df.loc[df["Point"] >= 80]
```

| Out |

	Name	Point
10	Alice	87
30	Carol	92

また、`sr` に対し「Aで始まる要素」を抜き出すとリスト1.19のようになります。

リスト**1.19**：行の比較結果による指定②

```
In
sr.loc[sr.str.startswith("A")]
```

```
Out
10      Alice
Name: Name, dtype: object
```

⠿ 行の比較結果による指定の省略形

df.loc[行の比較結果] は、locを省略してdf[行の比較結果]と記述できます。たとえば、リスト1.20の2行は同じ結果になります[2]。

リスト**1.20**：行の比較結果による指定とその省略形

```
In
df.loc[df["Point"] >= 80]
df[df["Point"] >= 80]
```

簡潔に記述できるため、実務では省略形を使うことをおすすめします。

ただし、リスト1.21のように省略形に列名を指定して更新しようとすると警告が発生し、期待した結果になりません。

リスト**1.21**：行の比較結果と列名で警告

```
In
df5 = df.copy()
df5[df5["Point"] >= 80]["Point"] = 80
```

これは、df5[df5["Point"] >= 80]がコピーを返し、更新が無視されるからです。列名を指定して更新したい場合は、リスト1.22のようにlocを使って行と列を指定しましょう。

---

[2] Seriesも同様に使えます。

リスト1.22：行の比較結果による更新

`In`

```
df5.loc[df5["Point"] >= 80, "Point"] = 80
```

列の比較結果による指定

`df.loc[:, 列の比較結果]`は、比較結果がTrueの列を抜き出したDataFrameになります。

たとえば、列名が**"Na"**で始まる列を抜き出すとリスト1.23のようになります。

リスト1.23：列の比較結果による指定

`In`

```
df.loc[:, df.columns.str.startswith("Na")]
```

`Out`

	Name
10	Alice
20	Bob
30	Carol

Memo

`DataFrame.loc`、`Series.loc`

`DataFrame.loc`や`Series.loc`について、より詳しくはPyQの次のコンテンツで学べます。

- パート「pandasのデータ構造（DataFrame）」
  `URL` https://pyq.jp/quests/#pandas_structure1_v2

- パート「Seriesとインデックスと欠損値」
  `URL` https://pyq.jp/quests/#pandas_structure2_v2

行番号によるデータ参照・更新（`iloc`）

　`DataFrame.iloc`は、行番号や列番号を使ってデータの参照や更新ができます。`Series.iloc`は行番号でデータの参照や更新ができます。

コロンによる指定

　`loc`同様、`iloc`でもコロン（`:`）は全行や全列を意味します。もし、列の指定を省略すると、`:`とみなされます。たとえば、`df.iloc[行の指定]`は、`df.iloc[行の指定, :]`と同じ結果になります。

行番号（列番号）による指定

　`df.iloc[行番号]`は、指定した行（Series）になります[3]。たとえば、先頭行を取得したい場合は`df.iloc[0]`とします（リスト1.24）。

リスト1.24：行番号による指定

In
```
df.iloc[0]
```

Out
```
Name       Alice
Point         87
Name: 10, dtype: object
```

　`df.iloc[:, 列番号]`は、指定した列（Series）になります（リスト1.25）。

---

[3] Seriesも同様に使えます。

リスト1.25：列番号による指定

```
In
df.iloc[:, 0]
```

```
Out
10      Alice
20        Bob
30      Carol
Name: Name, dtype: object
```

行番号のスライス（列番号のスライス）による指定

行番号のスライスを指定すると、指定した範囲の行を抜き出したDataFrame
になります[4]。リストのスライスと同じように使えます（リスト1.26）。

リスト1.26：行番号のスライスによる指定

```
In
df.iloc[:2]
```

```
Out
```

	Name	Point
10	Alice	87
20	Bob	65

列番号のスライスも同様です。指定した範囲の列を抜き出したDataFrame
になります。

---

[4] Seriesも同様に使えます。

数値のスライスを用いた`iloc`の省略形

`df.iloc[行番号のスライス]` を `df[数値のスライス]` と記述できます[5]。実務では、省略形の記述をおすすめします（リスト1.27）。

リスト**1.27**：数値のスライスを用いた`iloc`の省略形

```
In
df[:2]
```

```
Out
```

	Name	Point
10	Alice	87
20	Bob	65

行番号のリスト（列番号のリスト）による指定

行番号のリストを使って指定すると、指定した行を抜き出したDataFrameになります（リスト1.28）[6]。

リスト**1.28**：行番号のリストによる指定

```
In
df.iloc[[0, 1]]
```

```
Out
```

	Name	Point
10	Alice	87
20	Bob	65

---

[5] Seriesも同様に使えます。

[6] Seriesも同様に使えます。

　列番号のリストも同様です。指定した列を抜き出したDataFrameになります（リスト1.29）。

リスト1.29：列番号のリストによる指定

| In |

```
df.iloc[:, [0]]
```

| Out |

	Name
10	Alice
20	Bob
30	Carol

Memo

DataFrame.iloc、Series.iloc

`DataFrame.iloc`と`Series.iloc`について、より詳しくはPyQの次のコンテンツで学べます。

- パート「pandasのデータ構造（DataFrame）」
  URL https://pyq.jp/quests/#pandas_structure1_v2

- パート「Seriesとインデックスと欠損値」
  URL https://pyq.jp/quests/#pandas_structure2_v2

1.2 行の絞り込み（ブールインデックス）

DataFrameやSeriesの行の絞り込みには、ブールインデックスを使います。ブールインデックスとは、ブール値（True／False）を要素とするSeriesのことです。

ブールインデックスは、下記のように作成します。

- Seriesとスカラーを比較した結果
- SeriesとSeriesを比較した結果
- 要素がブール値のSeriesを返すメソッドの実行結果

なお、スカラーとは次元を持たないデータのことです。123などがスカラーであり、DataFrameやSeriesはスカラーではありません。

ここでは、上記のように作成したブールインデックスを比較結果と呼ぶことにします。この比較結果は、構文1.3のように行の絞り込みに使えます。

構文1.3：行の絞り込み

```
df[比較結果]   # 比較結果がTrueの行を抜き出したもの
sr[比較結果]   # 同上
```

リスト1.30のdfを使って、取得方法について順番に確認します。

リスト1.30：説明で用いるdf

```
In
df = pd.DataFrame(
    [["Alice", 87, 76], ["Bob", 65, 88]],
    columns=["Name", "Math", "Sci"],
)
df
```

| Out |

	Name	Math	Sci
0	Alice	87	76
1	Bob	65	88

Seriesとスカラーの比較

　まずは、Seriesとスカラーの比較について確認しましょう。この比較結果は、Series 比較演算子 値のように書きます。実行結果は、要素ごとの比較結果（ブール値）を格納したSeriesになります。

　具体的な例で見てみましょう。リスト1.31のコードでは、「列Mathが80以上かどうか」の比較結果を取得しています。

リスト1.31：比較結果①

| In |

```
df["Math"] >= 80
```

| Out |

```
0    True
1    False
Name: Math, dtype: bool
```

　結果を見ると、列Mathの先頭の値は87なので、結果の先頭はTrueになっていることがわかります。

　この比較結果を使ってdf[比較結果]のように記述すると、結果がTrueの行だけを絞り込めます（リスト1.32）。

リスト1.32：行の絞り込み①

| In |

```
df[df["Math"] >= 80]
```

Out

	Name	Math	Sci
0	Alice	87	76

SeriesとSeriesの比較

続いて、SeriesとSeriesの比較について確認しましょう。この比較結果は、
Series 比較演算子 Seriesのように書きます。

具体的な例で見てみましょう。リスト1.33のコードでは、「列Mathが列
Sci未満かどうか」の比較結果を取得しています。

リスト1.33：比較結果②

```
In
df["Math"] < df["Sci"]
```

```
Out
0    False
1     True
dtype: bool
```

先頭の行は列Mathが87、列Sciが76なので、結果の先頭はFalseになり
ます。

この比較結果を使って行を絞り込むと、リスト1.34のようになります。

リスト1.34：行の絞り込み②

```
In
df[df["Math"] < df["Sci"]]
```

```
Out
```

	Name	Math	Sci
1	Bob	65	88

要素がブール値のSeriesを返すメソッド

　最後に、要素がブール値のSeriesを返すメソッドを使う例について確認しましょう。

　列 Math が列 Sci 未満かどうかは、リスト1.35のようにメソッド lt()（less than）でも計算できます。結果は、ブール値のSeriesです。

リスト1.35：比較結果③

```
In
df["Math"].lt(df["Sci"])
```

```
Out
0     False
1      True
dtype: bool
```

　この比較結果を使って行を絞り込むと、リスト1.36のようになります。

リスト1.36：行の絞り込み③

```
In
df[df["Math"].lt(df["Sci"])]
```

```
Out
```

	Name	Math	Sci
1	Bob	65	88

Memo

ブールインデックス

ブールインデックスについて、より詳しくはPyQの次のコンテンツで学べます。

- パート「データの絞り込み」
  URL https://pyq.jp/quests/#pandas_cond_v2

1.3 インデックスの設定 (DataFrame.set_index())

インデックスの設定を行いたい場合は set_index() を使います。たとえば、特定の列をインデックスに移動したい場合、構文1.4のようにします。

構文1.4：特定の列をインデックスに移動する

```
df.set_index(列名または列名のリスト)
```

具体例で確認しましょう。ある施設の日別、年齢別の料金を表す df を使います（リスト1.37）。

リスト1.37：説明で用いる df

In

```
df = pd.DataFrame(
    [
        ["平日", "大人", 2000],
        ["平日", "小人", 1000],
        ["土日祝", "大人", 3000],
        ["土日祝", "小人", 1500],
    ],
    columns=["日別", "年齢別", "料金"],
)
df
```

Out

	日別	年齢別	料金
0	平日	大人	2000
1	平日	小人	1000
2	土日祝	大人	3000
3	土日祝	小人	1500

1つの列をインデックスに設定（`df.set_index(列名)`）

1つの列をインデックスに設定する場合は、`set_index()`に列名を指定します。たとえば、列**日別**をインデックスとして設定するにはリスト1.38のようにします。

リスト1.38：1つの列をインデックスに設定する

| In |

```
df.set_index("日別")
```

| Out |

	年齢別	料金
日別		
平日	大人	2000
平日	小人	1000
土日祝	大人	3000
土日祝	小人	1500

複数列をインデックスに設定（`df.set_index(列名のリスト)`）

複数の列をインデックスに設定する場合は、`set_index`に列名のリストを指定します。たとえば、列**日別**と列**年齢別**をインデックスに移動するにはリスト1.39のようにします。

リスト1.39：複数列をインデックスに設定する

| In |

```
df.set_index(["日別", "年齢別"])
```

Out

日別	年齢別	料金
平日	大人	2000
	小人	1000
土日祝	大人	3000
	小人	1500

　`DataFrame.set_index()`には、他にもさまざまな機能があります。詳しくは、下記を参照してください。

- **pandas.DataFrame.set_index | pandas公式ドキュメント**
  `URL` https://pandas.pydata.org/docs/reference/api/pandas.
  DataFrame.set_index.html

Memo

`DataFrame.set_index()`

`DataFrame.set_index()`について、より詳しくはPyQの次のコンテンツで学べます。

- パート「Seriesとインデックスと欠損値」
  `URL` https://pyq.jp/quests/#pandas_structure2_v2

1.4 インデックスのリセット (DataFrame.reset_index())

DataFrameのインデックスをリセットしたい場合、`reset_index()`が使えます。インデックスのリセットの仕方には、次のようなものがあります。

- インデックスを通し番号に変換
- インデックスを列に変換

それぞれ見ていきましょう。

インデックスを通し番号に変換（drop=True）

DataFrameのインデックスを通し番号にしたい場合、構文1.5のようにします。

構文1.5：DataFrameのインデックスを通し番号にする

```
df.reset_index(drop=True)
```

具体的な例で見てみましょう。リスト1.40のコードでは、インデックスが不連続な`df`を作成しています。

リスト1.40：インデックスが不連続なdfを作成する

```
In
```

```
df = pd.DataFrame([2, np.nan, 1], columns=["Point"])
df = df.dropna()    # 欠損値を除外してインデックスを不連続にする
df
```

```
Out
```

	Point
0	2.0
2	1.0

インデックスを通し番号にするには、リスト1.41のように reset_index (drop=True) を使います。

リスト1.41：インデックスを通し番号に変換する

```
In
df.dropna().reset_index(drop=True)
```

```
Out
```

	Point
0	2.0
1	1.0

結果を確認すると、不連続だったインデックス（0、2）が、連続したインデックス（0、1）に変換されていることがわかります。

インデックスを列に変換

DataFrameのインデックスを列に変換したい場合、構文1.6のようにします。

構文1.6：DataFrameのインデックスを列に変換する

```
df.reset_index()
```

具体例で確認しましょう。生徒の点数を表す df を使います（リスト1.42）。

リスト1.42：説明で用いる df

```
In
df = pd.DataFrame(
    [
        ["Alice", "国語", 100],
        ["Alice", "数学", 80],
        ["Bob", "国語", 40],
        ["Bob", "理科", 80],
    ],
```

```
        columns=["Name", "Subject", "Point"],
    )
    df
```

| Out |

	Name	Subject	Point
0	Alice	国語	100
1	Alice	数学	80
2	Bob	国語	40
3	Bob	理科	80

以下のように、生徒ごとの点数の平均を取得することを考えます。

	Name	Point
0	Alice	90.0
1	Bob	60.0

　生徒ごとの平均は、リスト1.43のようにgroupby()とmean()で計算できますが、生徒がインデックスになっています。

リスト1.43：生徒ごとの平均

| In |

```
df.groupby("Name").mean(numeric_only=True)
```

| Out |

	Point
Name	
Alice	90.0
Bob	60.0

インデックスを列に変換するには、リスト1.44のように `reset_index()` を使います。

リスト1.44：インデックスを列に変換する

In

```
df.groupby("Name").mean(numeric_only=True).reset_index()
```

Out

	Name	Point
0	Alice	90.0
1	Bob	60.0

また、`DataFrame.reset_index()` には、他にもさまざまな機能があります。詳しくは、下記を参照してください。

- pandas.DataFrame.reset_index | pandas公式ドキュメント
  URL https://pandas.pydata.org/docs/reference/api/pandas.
  DataFrame.reset_index.html

Memo

DataFrame.reset_index()

`DataFrame.reset_index()` について、より詳しくはPyQの次のコンテンツで学べます。

- パート「Seriesとインデックスと欠損値」
  URL https://pyq.jp/quests/#pandas_structure2_v2

1.5 Seriesのインデックスのリセット（Series.reset_index()）

Seriesのインデックスをリセットしたい場合、DataFrameと同様 **reset_index()** を使います。主な使い方は、前節で紹介したDataFrameの **reset_index()** と同じです（構文1.7）。

構文1.7：Seriesのインデックスをリセットする

```
sr.reset_index(drop=True)   # インデックスを通し番号に変換。結果はSeries
sr.reset_index()    # 列をインデックスに変換。結果はDataFrame
```

具体例で確認しましょう。まずは生徒の点数を格納した **df** を作成し、生徒ごとに点数の平均を計算します。今回は、この結果のSeriesである **sr** を使います（リスト1.45）。

リスト1.45：生徒の点数を格納したdfを作成して生徒ごとに点数の平均を計算する

```
In
df = pd.DataFrame(
    [
        ["Alice", "国語", 100],
        ["Alice", "数学", 80],
        ["Bob", "国語", 40],
        ["Bob", "理科", 80],
    ],
    columns=["Name", "Subject", "Point"],
)
# 生徒ごとの点数の平均を計算
sr = df.groupby("Name").Point.mean()
sr
```

| Out |

```
Name
Alice      90.0
Bob        60.0
Name: Point, dtype: float64
```

　srのインデックスを通し番号にするには、リスト1.46のようにreset_index(drop=True)を使います。

リスト1.46：srのインデックスを通し番号にする

| In |

```
sr.reset_index(drop=True)
```

| Out |

```
0      90.0
1      60.0
Name: Point, dtype: float64
```

　インデックスを列に移動したい場合は、リスト1.47のようにreset_index()を使います。

リスト1.47：インデックスを列に移動する

| In |

```
sr.reset_index()
```

| Out |

	Name	Point
0	Alice	90.0
1	Bob	60.0

　Series.reset_index()には、他にもさまざまな機能があります。詳しくは、次を参照してください。

- **pandas.Series.reset_index | pandas公式ドキュメント**

  `URL` https://pandas.pydata.org/docs/reference/api/pandas.Series.
  reset_index.html

1.6 データの結合（DataFrame.merge()）

　2つのDataFrameを結合したい場合、merge()が使えます。構文1.8のように結合方法とキーを指定可能です。

構文1.8：2つのDataFrameをmerge()で結合する

```
df1.merge(df2, how=結合方法, on=キー)
```

　たとえば構文1.9のように実行すると、**df1**と**df2**の共通する列をキーとし、そのキーの共通要素ごとに直積を作成して、それらを結合したDataFrameを作成します。なお、直積とは各要素の組み合わせをすべて網羅したものです（図1.1）。

構文1.9：2つのDataFrameをmerge()で結合する例

```
In
df1.merge(df2, how="inner", on=None)
```

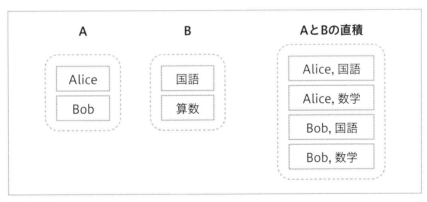

図1.1：直積

具体的な例で確認してみましょう。リスト1.48のように、2つのDataFrameを用意してmerge()で結合します。

リスト1.48：2つのDataFrameを結合する

```
In
df1 = pd.DataFrame(
    [[0, "Alice"], [0, "Bob"], [1, "Carol"]],
    columns=["ID", "Name"],
)
df2 = pd.DataFrame(
    [[0, "国語"], [0, "数学"]],
    columns=["ID", "Subject"],
)
df1.merge(df2, how="inner", on=None)
```

```
Out
```

	ID	Name	Subject
0	0	Alice	国語
1	0	Alice	数学
2	0	Bob	国語
3	0	Bob	数学

df1とdf2の共通する列はIDで、どちらも値が0の要素を含んでいます。IDが0のデータは、df1ではAliceとBobの行、df2では国語と数学の行です。そのため、直積はリスト1.48のように「Aliceと国語」「Aliceと数学」「Bobと国語」「Bobと数学」の組み合わせになります。

また、df1には値が1の要素がありますが、df2にはありません。そのため、結合結果は、Carolのデータを含みません。

結合方法の指定（引数how）

引数howには、キーのどの要素を対象とするかを指定します。デフォルトは"inner"です（表1.3）。

表1.3：merge()の引数howで指定可能な結合方法

値	意味
"left"	df1のすべて
"right"	df2のすべて
"outer"	両者のすべて
"inner"	両者の共通部分
"cross"	キーを不使用

もし、df1に含まれるキーの要素をすべて含めたい場合は、how="left"を指定します（リスト1.49）。

リスト1.49：df1に含まれるキーの要素をすべて含めたい場合

```
In
df1.merge(df2, how="left")
```

```
Out
```

	ID	Name	Subject
0	0	Alice	国語
1	0	Alice	数学
2	0	Bob	国語
3	0	Bob	数学
4	1	Carol	NaN

リスト1.49では、IDが1のデータ（Carol）も含まれます。しかし、IDが1のデータはdf2にはないので、列Subjectは欠損値になります。

キーの指定（引数on、left_on、right_on）

　引数onには、キーとなる列名または列名のリストを指定します。デフォルトはNoneです。onにNoneを指定すると、共通する列がキーとなります。

　また、df1とdf2で異なる列名をキーとして対応させたい場合は、それぞれを引数left_on（df1用）と引数right_on（df2用）を指定します。

　DataFrame.merge()には、他にもさまざまな機能があります。詳しくは、下記を参照してください。

- pandas.DataFrame.merge | pandas公式ドキュメント
  URL https://pandas.pydata.org/docs/reference/api/pandas.
    DataFrame.merge.html

Memo

DataFrame.merge()

DataFrame.merge()について、より詳しくはPyQの次のコンテンツで学べます。

- パート「pandasの表の加工」
URL https://pyq.jp/quests/#pandas_merge

1.7 データの結合（DataFrame.join()）

2つのDataFrameを結合したい場合、join()が使えます。構文1.10のように結合方法とキーを指定可能です。

構文1.10：2つのDataFrameをJoin()で結合する

```
df1.join(df2, on=キー, how=結合方法)
```

使い方は前節で説明したmerge()と似ていますが、引数onでNoneを指定したときにmerge()では共通する列をキーとして使うのに対し、join()はインデックスをキーとして使います。また、引数howのデフォルト値は、merge()では"inner"（両者の共通部分）であるのに対し、join()は"left"（df1のすべて）です。

構文1.11のようにjoin()を実行すると、df1とdf2のインデックスをキーとし、df1のキーの要素ごとに直積を作成して、それらを結合したDataFrameを作成します。

構文1.11：2つのDataFrameをJoin()で結合する例

```
df1.join(df2, on=None, how="left")
```

具体的な例で確認してみましょう。リスト1.50のように、2つのDataFrameを用意してjoin()で結合します。

リスト1.50：2つのDataFrameを用意してjoin()で結合する

```
In
df1 = pd.DataFrame(
    ["Alice", "Bob", "Carol"],
    index=[0, 0, 1],
    columns=["Name"],
)
```

```
df2 = pd.DataFrame(
    ["国語", "数学"], index=[0, 0], columns=["Subject"]
)
df1.join(df2, on=None, how="left")
```

| Out |

	Name	Subject
0	Alice	国語
0	Alice	数学
0	Bob	国語
0	Bob	数学
1	Carol	NaN

df1のインデックスの要素は0と1です。要素0のデータはdf1とdf2の両方にあり、df1ではAliceとBobの行、df2では国語と数学の行です。そのため、直積は上記の先頭4行のようになります。要素1のデータはdf1にしかありません（Carolの行）。そのため直積は上記の最後の1行のようになり、Subjectは欠損値になります。

キーの指定（引数on）

引数onには、df1のキーとなる列名または列名のリストを指定します。デフォルトはNoneです。onにNoneを指定すると、インデックスがキーとなります。

df3の列IDとdf2のインデックスをキーとする場合は、リスト1.51のようになります。

```
In
```

```
df3 = pd.DataFrame(
    [[0, "Alice"], [0, "Bob"], [1, "Carol"]],
    columns=["ID", "Name"],
)
df3.join(df2, on="ID", how="left")
```

```
Out
```

	ID	Name	Subject
0	0	Alice	国語
0	0	Alice	数学
1	0	Bob	国語
1	0	Bob	数学
2	1	Carol	NaN

結合方法の指定（引数how）

引数howには、キーのどの要素を対象とするかを指定します。デフォルトは "left" です（表1.4）。

表1.4：join()の引数howで指定可能な結合方法

値	意味
"left"	df1のすべて
"right"	df2のすべて
"outer"	両者のすべて
"inner"	両者の共通部分

もし、両者の共通部分のキーの要素を対象にしたい場合は、how="inner" を指定します（リスト1.52）。

リスト1.52：両者の共通部分のキーの要素を対象にしたい場合

| In |

```
df1.join(df2, on=None, how="inner")
```

| Out |

	Name	Subject
0	Alice	国語
0	Alice	数学
0	Bob	国語
0	Bob	数学

　リスト1.52では、インデックスが1のデータは**df1**にしかないため、結合結果には含まれません。

　DataFrame.join()には、他にもさまざまな機能があります。詳しくは、下記を参照してください。

- pandas.DataFrame.join | pandas公式ドキュメント
  URL https://pandas.pydata.org/docs/reference/api/pandas.DataFrame.join.html

1.8 関数の適用（DataFrame.apply() / Series.apply()）

apply()は、指定した関数を列または行に一括で適用するメソッドです。DataFrameとSeriesの両方で使え、データを加工したい際に便利です。それぞれの使い方を表1.5にまとめました。

表1.5：DataFrameとSeriesのapply()

種類	書き方の例	説明
Series	sr.apply(関数)	指定した関数を、Seriesの各要素に一括で適用
DataFrame	df.apply(関数, axis=処理の方向)	指定した軸に沿って、行または列に関数を一括で適用 • axis=0: インデックスに沿って列に対し処理を行う • axis=1: 列に沿って行に対し処理を行う

具体的に、リスト1.53のデータで考えてみましょう。

リスト1.53：データの準備

```
In
```

```
# 利用者の年齢と割引種別を格納したデータ
df = pd.DataFrame(
    [[12, ""], [20, "学割利用"], [32, ""]], columns=["年齢", "割引種別"]
)
df
```

```
Out
```

	年齢	割引種別
0	12	
1	20	学割利用
2	32	

　リスト 1.54 のコードは、Series の **apply()** の例です。列**年齢**に対して **categorize()** を適用し、年齢に応じて**"大人"**または**"子供"**と返しています。結果は Series になります。

リスト 1.54：Series の apply() を使って、各要素に関数を適用

```
In
```

```
def categorize(x):
    # 引数 x には、各要素の値が渡される
    return "子供" if x < 13 else "大人"


# 列「年齢」の各要素に categorize() を適用する
df["年齢"].apply(categorize)
```

```
Out
```

```
0    子供
1    大人
2    大人
Name: 年齢, dtype: object
```

　リスト 1.55 のコードは、DataFrame の **apply()** の例です。各行に対し **categorize()** を適用し、年齢と割引種別の値から文字列を作成しています。結果は Series になります。

リスト 1.55：DataFrame の apply() を使って、列に沿って各行に関数を適用

```
In
```

```
def categorize(sr):
    # 引数 sr には、各行の Series が渡される
    age_type = "子供" if sr["年齢"] < 13 else "大人"
    coupon_type = f" ({sr['割引種別']})" if sr["割引種別"] else ""
    return age_type + coupon_type  # 年齢と割引種別を連結


# 各行に categorize() を適用する（列に沿った処理）
df.apply(categorize, axis=1)
```

```
Out
0            子供
1    大人（学割利用）
2            大人
dtype: object
```

Memo
apply()

apply() について、より詳しくは PyQ の次のコンテンツで学べます。

- クエスト「列や行に関数を適用しよう」
  URL https://pyq.jp/quests/pandas_prepare_apply_v2/

1.9 データのグループ化（DataFrame.groupby()）

　groupby()は、データをグループ化して処理するためのメソッドです。groupby()の結果（DataFrameGroupByオブジェクト）と集約・変換・抽出に関するメソッドを組み合わせることで、グループごとの処理を行えます（構文1.12）。ここでは主に集約について紹介します[7]。

構文1.12：グループごとの処理を行う

```
# 指定した列でグループ化（結果はDataFrameGroupByオブジェクト）
grouped = df.groupby(列名または列名のリスト)
# 集約メソッドと組み合わせて、グループごとにデータを集約
grouped.集約メソッド()
```

　sum()、mean()、max()、agg()など、DataFrameで使える集約メソッドは基本的にDataFrameGroupByでも使えます。具体的に、リスト1.56のデータで考えてみましょう。

リスト1.56：データの準備

```
In
```

```
# 生徒ごとの身長と体重を記録したデータ
df = pd.DataFrame(
    [["A", 172, 63], ["A", 160, 54], ["B", 155, 51], ["B", 162, 59]],
    columns=["クラス", "身長", "体重"],
)
df
```

[7] 変換のメソッドにはtransform()が、抽出のメソッドにはfilter()があります。

Out	クラス	身長	体重
0	A	172	63
1	A	160	54
2	B	155	51
3	B	162	59

リスト1.57のコードでは、列**クラス**でグループ化して、グループごとの各列の平均値を計算しています。

リスト1.57：グループごとに平均値を計算

In

```
# 各クラスの平均値
df.groupby("クラス").mean()
```

Out

	身長	体重
クラス		
A	166.0	58.5
B	158.5	55.0

DataFrameGroupByオブジェクトで [ ] を使って列名を指定すると、特定の列のSeriesGroupByオブジェクトを取得できます（リスト1.58）。一部異なる点はありますが、SeriesGroupByではDataFrameGroupByと同じように集約メソッドなどが使えます。

リスト1.58：グループごとに指定した列の平均値を計算

In

```
# 各クラスの身長の平均値
df.groupby("クラス")["身長"].mean()
```

```
Out
クラス
A    166.0
B    158.5
Name: 身長, dtype: float64
```

　集約メソッドとして agg() を使うと、より柔軟な集約が可能です。表1.6に基本的な使い方をまとめました。

表1.6：agg() の指定方法と使用例

指定方法	説明	書き方の例	処理の例
文字列	文字列で指定した関数の処理で集約する（"sum"、"mean"など）	`df.groupby("クラス").agg("mean")`	クラスごとに各列の平均値を計算する
関数	指定した関数の処理で集約する	`df.groupby("クラス").agg(func)`	クラスごとに、func() で定義した処理で各列を集約する
リスト	複数の集約値を一括で計算する	`df.groupby("クラス").agg(["mean", func])`	クラスごとに、各列を次の方法で集約する ・平均値 ・func() で定義した集約処理
辞書	列ごとに異なる方法を指定して集約する	`df.groupby("クラス").agg({"身長": "mean", "体重": ["mean", func]})`	各列を次のように集約する ・クラスごとの身長の平均値 ・クラスごとの体重の平均値とfunc() で定義した集約処理

Memo

groupby()

groupby() について、より詳しくは PyQ の次のコンテンツで学べます。

・パート「データのグループ化」
URL https://pyq.jp/quests/#pandas_groupby_v2

第 **2** 章

データを入出力しよう

問題 2.1

CSVファイル保存時の余計な列を除くには

pandasでは to_csv() で簡単にCSVを出力できます。しかし、to_csv() はデフォルトではインデックスを含めて出力するため、余計な列が出力されているように見えます。本問では、インデックスを含めずに出力する方法を扱います。

説明文

DataFrame型の変数dfに、生徒（Name）と教科（Subject）ごとのテストの点数（Point）が入っています（リスト2.1）。

リスト2.1：データの準備

```
 In 
df = pd.DataFrame(
    [
        ["Alice", "国語", 87],
        ["Alice", "数学", 72],
        ["Bob", "国語", 65],
        ["Bob", "数学", 92],
    ],
    columns=["Name", "Subject", "Point"],
)
df
```

	Name	Subject	Point
0	Alice	国語	87
1	Alice	数学	72
2	Bob	国語	65
3	Bob	数学	92

問題

　`df.to_csv("result.csv")` とすると下記のようにファイル `result.csv` に CSV 形式で出力されます。

```
,Name,Subject,Point
0,Alice,国語,87
1,Alice,数学,72
2,Bob,国語,65
3,Bob,数学,92
```

　これを、期待する結果のように、インデックス（一番左の数字の列）を含まないように CSV を出力してください。

期待する結果：（result.csv の内容）

```
Name,Subject,Point
Alice,国語,87
Alice,数学,72
Bob,国語,65
Bob,数学,92
```

CSVファイル保存時の
余計な列を除くには

リスト2.2：解答

| In |

```
df.to_csv("result.csv", index=False)
```

解説

　インデックスを含めずにCSV出力するには、to_csv()でindex=False
を指定します。デフォルトはindex=Trueなので、インデックスが出力されま
す。

補講 インデックス付きの ファイルの読み込み

　df.to_csv("result.csv") で出力した「インデックス付きのファイル」を読むときは、リスト2.3のようにします。index_col は、インデックスに対応する列名または0始まりの列番号です。

リスト2.3：インデックス付きのファイルの読み込み

```
In
pd.read_csv("result.csv", index_col=0)
```

エンコーディングによる エラーを解消するには

保存した日本語のテキストファイルを読み込もうとするとエンコーディングの扱いの違いでエラーになることがあります。本問では、これを避ける方法を扱います。

問題

DataFrame型の変数dfの内容をCSVファイルに保存し、そのファイルを関数open()で読み込むプログラムを作成しました。しかし、このままでは一部の環境でUnicodeDecodeErrorになります[1]。エラーにならないように修正してください（リスト2.4）。

リスト2.4：データの準備

```
In
df = pd.DataFrame(
    [
        ["Alice", "国語", 87],
        ["Alice", "数学", 72],
        ["Bob", "国語", 65],
        ["Bob", "数学", 92],
    ],
    columns=["Name", "Subject", "Point"],
)
# CSVファイル出力
df.to_csv("test_score.csv", index=False)
```

---

[1] 文字によってはエラーにならずに文字化けすることもあります。

```
with open("test_score.csv") as fp:
    print(fp.read())  # 一部の環境でUnicodeDecodeError
```

期待する結果

ファイルの読み込みでエラーにならないこと。

エンコーディングによる
エラーを解消するには

リスト2.5：解答

| In |

```
with open("test_score.csv", encoding="utf-8") as fp:
    print(fp.read())
```

解説

　日本語などの文字をファイルに保存するときは、文字を文字コードに変換してから保存されます。また、ファイルから読み込むときは逆の変換をします。この文字と文字コード間の変換規則をエンコーディングといいます。エンコーディングにはいくつかの種類があります。ファイルへの保存と読み込みでは、同じエンコーディングにする必要があります。もし、エンコーディングが異なっていると、UnicodeDecodeErrorなどのエラーになったり、文字化けしたりします。さて、問題のコードでは保存時（to_csv()）と読み込み時（open()）では、エンコーディングを指定していません。無指定の場合は、デフォルトのエンコーディングが使われます。このデフォルト値は下記のようになっています。

- pandasの **to_csv()**：デフォルトエンコーディングは、UTF-8[2]
- 組み込み関数の**open()**：OSやユーザの環境で変わる（UTF-8やCP932[3]など）

　このような違いがあるため、エンコーディングを指定していない場合にエンコーディングが不一致になることがあります。これを避けるには、**open()** でエンコーディングを明示する必要があります。UTF-8を指定する場合には、**encoding="utf-8"** と記述します。

---

[2] pd.read_csv()のデフォルトエンコーディングもUTF-8です。
[3] Shift_JISを拡張したものです。

タブ区切り形式のファイルを読み込むには

実務では、さまざまな形式のデータを扱います。本問では、タブ区切り形式のファイルを読み込む方法を扱います。

問題

タブ区切り形式のファイル dataset/test_score.tsv を変数 df に DataFrame として読み込んでください。

∴期待する結果（df の内容）

	Name	Subject	Point
0	Alice	国語	87
1	Alice	数学	72
2	Bob	国語	65
3	Bob	数学	92

解答 2.3　タブ区切り形式のファイルを読み込むには

リスト2.6：解答

```
In
df = pd.read_table("dataset/test_score.tsv")
```

解説

タブ区切り形式のファイルの読み込みには、read_table() を使います。

タブ区切り形式のファイルを読み込むには

リスト2.7：別解

| In |

```
df = pd.read_csv("dataset/test_score.tsv", sep="\t")
```

リスト2.7のようにread_csv()でsep="\t"を指定してもタブ区切り形式のファイルを読み込めます。

補講　その他のフォーマットについて

pandasでは、下記のようなデータソースなどからもデータを読み込めます。

- `pd.read_html()`：HTMLに含まれるtableタグから読み込み
- `pd.read_excel()`：拡張子がxslxのExcelファイルから読み込み[4]
- `pd.read_sql()`：データベースにSQLを発行した結果から読み込み

第3章

データの概要を確認しよう

問題 3.1 列ごとの統計量を確認するには

データ分析では、対象となるデータの概要を調べ、傾向や外れ値などを確認することが重要です。本問では、DataFrameの統計量を確認する簡単な方法を扱います。

説明文

DataFrame型の変数dfに、生徒（Name）と教科（Subject）ごとのテストの点数（Point）が入っています（リスト3.1）。

リスト3.1：データの準備

```
In
```
```python
df = pd.DataFrame(
    [
        ["Alice", "国語", 87],
        ["Alice", "数学", np.nan],
        ["Bob", "国語", 65],
        ["Bob", "数学", 92],
    ],
    columns=["Name", "Subject", "Point"],
)
df
```

```
Out
```

	Name	Subject	Point
0	Alice	国語	87.0
1	Alice	数学	NaN
2	Bob	国語	65.0
3	Bob	数学	92.0

問題

列 Point の下記の項目を確認してください。

- count：欠損値[1]でない個数
- mean：平均
- std：標準偏差
- min：最小値
- 25%、50%、75%：四分位数[2]
- max：最大値

⠇⠇ 期待する結果

	Point
count	3.000000
mean	81.333333
std	14.364308
min	65.000000
25%	76.000000
50%	87.000000
75%	89.500000
max	92.000000

---

[1] 欠損値とは、データが存在しないことを意味する値です。pandasではnp.nanで表します。np.nanは非数（Not a Number）を意味し、float("nan")と同じものです。表内ではNaNと表記します。

[2] 四分位数は、データを小さい順に並べてデータ数を4分割したときの境界の値です。小さい方から、第1四分位数、第2四分位数、第3四分位数といいます。

解答 3.1 列ごとの統計量を確認するには

リスト3.2：解答

| In |

```
df.describe()
```

解説

pandasでは、describe()で簡単にいろいろな統計量を確認できます。

出力項目のcountは欠損値以外の個数を、meanとstdは平均と標準偏差を、minとmaxは最小値と最大値を、25%と50%と75%は第1四分位数と第2四分位数と第3四分位数を表します[3]。

---

[3] 四分位数については、第6章の6.7節も参考にしてください。

補講 数値以外の 列の統計量の確認

　dfに数値の列が存在するとき、df.describe()では数値の列だけ出力されます。数値以外の列も含めて統計量を確認したいときは、リスト3.3のようにします。

リスト3.3：数値以外の統計量

| In |

```
df.describe(include="all")
```

| Out |

	Name	Subject	Point
count	4	4	3.000000
unique	2	2	NaN
top	Alice	国語	NaN
freq	2	2	NaN
...	...	...	...

　uniqueはユニークな値の個数です。topは最頻値（の1つ）です。freqは最頻値の個数です[4]。

---

[4] uniqueとtopとfreqは、数値の列ではnp.nanになります。

問題 3.2 最小と最大を抽出するには

実務では「住所が東京都または神奈川県」など、複数の条件を組み合わせることがよくあります。本問では、複数の条件を組み合わせて絞り込む方法を扱います。

説明文

DataFrame型の変数dfに、テストの点数が入っています（リスト3.4）。

リスト3.4：データの準備

```
In
df = pd.DataFrame(
    [
        ["Alice", "国語", 87],
        ["Alice", "数学", np.nan],
        ["Bob", "国語", 65],
        ["Bob", "数学", 92],
    ],
    columns=["Name", "Subject", "Point"],
)
df
```

```
Out
```

	Name	Subject	Point
0	Alice	国語	87.0
1	Alice	数学	NaN
2	Bob	国語	65.0
3	Bob	数学	92.0

問題

変数dfから列Pointが最小の行と最大の行を抜き出してください。

期待する結果

	Name	Subject	Point
2	Bob	国語	65.0
3	Bob	数学	92.0

最小と最大を抽出するには

リスト3.5：解答

```
In
df[(df.Point == df.Point.min()) | (df.Point == df.Point.max())]
```

解説

　列Pointの最小値はdf.Point.min()で取得できるので、df[df.Point == df.Point.min()]とすれば、最小値の行を抜き出せます。また、SeriesやDataFrameでは、一部のビット演算子[5]を使って条件式を組み合わせられます。そのため、(df.Point == df.Point.min()) | (df.Point == df.Point.max())が「列Pointが最小または最大」の行に対応します。== は | より優先順位が低いため、括弧が必要です。

　同じことは、リスト3.6のようにquery()でも書けます。なお、指定する文字列内の&と|は、andとorと同じ優先順位になります。そのため、括弧は不要になります。

リスト3.6：query()を使った書き方

```
In
df.query("Point == Point.min() | Point == Point.max()")
```

[5] SeriesやDataFrameで使えるビット演算子は、AND（&）、OR（|）、XOR（^）、NOT（~）です。

別解 3.2　最小と最大を抽出するには

リスト3.7：別解

| In |

```
df[df.Point.isin({df.Point.min(), df.Point.max()})]
```

　ある列の要素が特定の集合に含まれる行を取得するには、`df[df.対象列.isin(集合)]` を使います。集合に、最小値と最大値を指定することで、両方の行を取得します（リスト3.7）。

問題 3.3 列ごとに昇順／降順を変えて確認するには

データ分析では、「価格の高い順で行を並べ替える」「日付の早い順で行を並べ替える」など、特定の列でデータを並べ替えたいことがよくあります。本問では、2つの列を基準にして並べ替える方法を扱います。

説明文

DataFrame型の変数dfに、テストの点数が入っています（リスト3.8）。

リスト3.8：データの準備

```
In
df = pd.DataFrame(
    [
        ["Alice", "国語", 87],
        ["Alice", "数学", np.nan],
        ["Bob", "国語", 65],
        ["Bob", "数学", 92],
    ],
    columns=["Name", "Subject", "Point"],
)
df
```

```
Out
```

	Name	Subject	Point
0	Alice	国語	87.0
1	Alice	数学	NaN
2	Bob	国語	65.0
3	Bob	数学	92.0

問題

変数dfに対し、第1キーを列Nameで昇順に、第2キーを列Pointで降順にソートして表示してください。

期待する結果

	Name	Subject	Point
0	Alice	国語	87.0
1	Alice	数学	NaN
3	Bob	数学	92.0
2	Bob	国語	65.0

解答 3.3 列ごとに昇順／降順を変えて確認するには

リスト3.9：解答

| In |

```
df.sort_values(["Name", "Point"], ascending=[True, False])
```

解説

　指定した列を基準にして並べ替えるには、sort_values() を使います。デフォルトでは昇順で並べ替えますが、引数ascendingを使って昇順／降順をブール値で指定可能です（昇順がTrue、降順がFalse）。今回のように列によって昇順／降順が異なる場合は、各列の設定をブール値のリストで渡します。なお、昇順／降順に関わらず、欠損値は最後に並びます。

第4章

データを部分的に
参照しよう

データの先頭を
取得するには

データ分析では、生データを眺めてみることが重要です。
数行見るだけでおかしなデータに気づくことがあります。
本問では、データの先頭を取得する方法を扱います。

説明文

DataFrame型の変数dfに、テストの点数が入っています（リスト4.1）。

リスト4.1：データの準備

```
In
```

```python
df = pd.DataFrame(
    [
        ["Alice", "国語", 87],
        ["Alice", "数学", 72],
        ["Bob", "国語", 65],
        ["Bob", "数学", 92],
    ],
    columns=["Name", "Subject", "Point"],
)
df
```

```
Out
```

	Name	Subject	Point
0	Alice	国語	87
1	Alice	数学	72
2	Bob	国語	65
3	Bob	数学	92

問題

先頭の2行を取得してください。

期待する結果

	Name	Subject	Point
0	Alice	国語	87
1	Alice	数学	72

解答 4.1 データの先頭を取得するには

リスト4.2：解答

`In`

```
df.head(2)
```

解説

データの先頭を取得するには、head()を使います。デフォルトでは先頭の5行を取得します。引数で取得する行数を指定できます。もし、データの末尾を取得したい場合は、tail()を使います。

別解 4.1 データの先頭を取得するには

リスト4.3：別解

| In |

```
df[:2]
```

リスト4.4の3行は同じものなので、簡潔に`df[:2]`と書いても別解になります。

リスト4.4：いろいろな先頭行の取得方法

| In |

```
df.head(n)
df[:n]
df.iloc[:n]
```

なお、`df[:n]`の書き方は、下記のように`n`の型で処理が異なるので注意が必要です。詳しくは、第1章1.1節の「データの参照と更新（loc / iloc）」を参照してください。

- `n`が整数：`df.iloc[:n]`と同じ
- `n`が文字列：`df.loc[:n]`と同じ

問題
4.2

データを1列おきに取得するには

データ分析では、規則的に必要な列を抜き出して使いたいことがあります。本問では、偶数列を抜き出す方法を扱います。

説明文

変数dfに、店舗ごとの過去の売上（Sales_店舗）と累積売上（Cum_店舗）が入っています（リスト4.5）。

リスト4.5：データの準備

```
In
df = pd.DataFrame(
    [
        [100, 10, 10, 15, 15],
        [101, 7, 17, 12, 27],
        [102, 5, 22, 18, 45],
    ],
    columns=["No", "Sales_A", "Cum_A", "Sales_B", "Cum_B"],
)
df
```

```
Out
```

	No	Sales_A	Cum_A	Sales_B	Cum_B
0	100	10	10	15	15
1	101	7	17	12	27
2	102	5	22	18	45

問題

　売上の列だけを使って分析をしたいので、偶数列（Sales_店舗）が必要です。変数dfから偶数列だけを抜き出してください。

期待する結果

	Sales_A	Sales_B
0	10	15
1	7	12
2	5	18

解答 4.2　データを1列おきに取得するには

リスト4.6：解答

| In |

```
df.iloc[:, 1::2]
```

解説

　一般的に、行番号や列番号を使ってDataFrameの一部を取得したり変更したりする場合は、ilocを使います。ilocでは、リストのようにスライスを使えます。ここでは、偶数列を取得したいので、df.iloc[:, 1::2]とします。最初の:が全行を、次の1::2が偶数列の指定です（2列目から2列ごと）。詳しくは、補講と第1章1.1節の「データの参照と更新（loc / iloc）」を参照してください。

補講 いろいろなスライス

　スライスは、開始：終了または開始：終了：間隔と記述します。間隔ごとに開始から終了の前までを意味します。開始を省略すると最初からに、終了を省略すると最後までに、間隔を省略すると１になります。：だけの場合は、開始と終了を省略しているのですべてになります。たとえば、リスト4.7のようになります。

リスト4.7：スライスの例

```
In
df.iloc[:, 1::2]   # 2列目から2列ごとなので偶数列
df.iloc[:, ::2]    # 1列目から2列ごとなので奇数列
df.iloc[:, ::-1]   # 列の並びを反転
```

条件で行を絞り込むには

データ分析では、特定の条件でデータを絞り込んで、統計を取ったり値を更新したりすることがよくあります。本問では、簡単にデータを絞り込む方法を扱います。

説明文

DataFrame型の変数dfに、テストの点数が入っています（リスト4.8）。

リスト4.8：データの準備

```
In
df = pd.DataFrame(
    [
        ["Alice", "国語", 87],
        ["Alice", "数学", 72],
        ["Bob", "国語", 65],
        ["Bob", "数学", 92],
    ],
    columns=["Name", "Subject", "Point"],
)
df
```

```
Out
```

	Name	Subject	Point
0	Alice	国語	87
1	Alice	数学	72
2	Bob	国語	65
3	Bob	数学	92

問題

変数dfから列Subjectが数学の行を抜き出してください。

期待する結果

	Name	Subject	Point
1	Alice	数学	72
3	Bob	数学	92

解答 4.3 条件で行を絞り込むには

リスト4.9：解答

| In |

```
df[df.Subject == "数学"]
```

解説

　条件を指定してDataFrameから行を絞り込むには、ブールインデックスというしくみを使います。ここではそのしくみを簡単に説明します。より詳しく知りたい場合は第1章1.2節の「行の絞り込み（ブールインデックス）」を参照してください。

　`df.Subject == "数学"`は、「各行の`Subject`の値を見て、**"数学"**かどうか判定した結果」を`Series`に構成したものです。すなわちリスト4.10と同じ意味です。

リスト4.10：内包表記による条件

| In |

```
pd.Series([c == "数学" for c in df.Subject])
```

　これは、`pd.Series([False, True, False, True])`になります。このブール値を要素とする`Series`を`df`の添字とすることで、`True`に対応する行を抜き出します。

問題 4.4 一部の列を取得するには

> 実務では、分析に必要な一部の列だけを抜き出したいこと
> がよくあります。本問では、特定の列を抜き出す方法を扱
> います。

説明文

DataFrame型の変数 df に、テストの点数が入っています（リスト4.11）。

リスト4.11：データの準備

```
In
```

```python
df = pd.DataFrame(
    [
        ["Alice", "国語", 87],
        ["Alice", "数学", 72],
        ["Bob", "国語", 65],
        ["Bob", "数学", 92],
    ],
    columns=["Name", "Subject", "Point"],
)
df
```

```
Out
```

	Name	Subject	Point
0	Alice	国語	87
1	Alice	数学	72
2	Bob	国語	65
3	Bob	数学	92

問題

変数dfからNameとSubjectの2列を抜き出してください。

期待する結果

	Name	Subject
0	Alice	国語
1	Alice	数学
2	Bob	国語
3	Bob	数学

解答 4.4 一部の列を取得するには

リスト4.12：解答

```
In
df[["Name", "Subject"]]
```

解説

DataFrameから一部の列を抜き出すには、df[列名のリスト]とします。結果は、指定された列を抜き出したDataFrameです。使う機会が多い記述です。より詳しくは、第1章1.1節の「データの参照と更新（loc / iloc）」を参照してください。

1列だけのDataFrameを作成するには

知っていれば簡単なことでも、知らないと難しく考えてしまうことはよくあります。本問では、元のDataFrameから1列だけのDataFrameを作成する簡単な方法を扱います。

説明文

変数dfの列Nameに生徒名が入っています（リスト4.13）。

リスト4.13：データの準備

```
In
```

```python
df = pd.DataFrame(
    [
        ["Alice", "国語", 87],
        ["Alice", "数学", 72],
        ["Bob", "国語", 65],
        ["Bob", "数学", 92],
    ],
    columns=["Name", "Subject", "Point"],
)
df
```

```
Out
```

	Name	Subject	Point
0	Alice	国語	87
1	Alice	数学	72
2	Bob	国語	65
3	Bob	数学	92

問題

df["Name"] とすると、列NameをSeriesとして取得できます。ここでは、列Nameだけの1列からなるDataFrameを取得してください。

⚙️ **期待する結果**

	Name
0	Alice
1	Alice
2	Bob
3	Bob

1列だけのDataFrameを作成するには

リスト4.14：解答

```
In

df[["Name"]]
```

解説

NameとSubjectの2列からなるDataFrameは、df[["Name", "Subject"]]でした。1列の場合は、要素が1つのリスト（["Name"]）を指定すればよいです。

df["Name"]はSeries型ですが、df[["Name"]]とするとDataFrame型になります。DataFrame型にすることで、DataFrameのメンバーを使えるようになります。

補講 SeriesからDataFrameへの変換

SeriesからDataFrameに変換する場合は、リスト4.15のように**to_frame()**メソッドも使えます。

リスト4.15：SeriesからDataFrameへの変換

```
In
sr = df["Name"]
sr.to_frame()  # Seriesから変換したいとき
```

第 **5** 章

データを変形しよう

異なる列名同士で連結するには

実務では、複数のデータを連結することがよくあります。本問では、列名が異なるデータを連結する方法を扱います。

説明文

変数df1に、商品（Product）ごとの先月の売上（Prev）が入っています（リスト5.1）。

リスト5.1：データの準備①

```
In
df1 = pd.DataFrame({"Product": ["A", "B"], "Prev": [100, 110]})
df1
```

```
Out
```

	Product	Prev
0	A	100
1	B	110

また、変数df2に、商品（Product）ごとの今月の売上（Sales）が入っています（リスト5.2）。

リスト5.2：データの準備②

```
In
df2 = pd.DataFrame({"Product": ["A", "B"], "Sales": [50, 120]})
df2
```

	Product	Sales
0	A	50
1	B	120

問題

　売上が列 Sales になるように、df1 と df2 を縦に連結してください。また、インデックスも通し番号にしてください。

⠿ 期待する結果

	Product	Sales
0	A	100
1	B	110
2	A	50
3	B	120

解答 5.1 異なる列名同士で連結するには

リスト5.3：解答

```
In
_df1 = df1.rename(columns={"Prev": "Sales"})
pd.concat([_df1, df2], ignore_index=True)
```

解説

2つのDataFrameを連結するときにはconcat()が使えますが、列名が異なると別々の列になってしまいます（リスト5.4）。

リスト5.4：そのままの列名で連結した場合

```
In
pd.concat([df1, df2])
```

```
Out
```

	Product	Prev	Sales
0	A	100.0	NaN
1	B	110.0	NaN
0	A	NaN	50.0
1	B	NaN	120.0

この場合は、rename()を使って先に列名を揃えるとよいです。また、上記の結果ではインデックスが重複しています。これを通し番号にするには、引数にignore_index=Trueをつけます。

別のDataFrameの列を
結合するには

実務では、IDなどをキーにして関連する2つのDataFrame
を結合することがよくあります。本問では、データの結合を
扱います。

説明文

変数dfに、生徒（Name）ごとのテストの点数が入っています（リスト5.5）。

リスト5.5：データの準備①

```
In
```

```python
df = pd.DataFrame(
    [
        ["Alice", "国語", 87],
        ["Alice", "数学", 72],
        ["Bob", "国語", 65],
        ["Bob", "数学", 92],
    ],
    columns=["Name", "Subject", "Point"],
)
df
```

```
Out
```

	Name	Subject	Point
0	Alice	国語	87
1	Alice	数学	72
2	Bob	国語	65
3	Bob	数学	92

また、変数 **df_class** に、生徒ごとのクラス（Class）が入っています（リスト5.6）。

リスト5.6：データの準備②

```
In
df_class = pd.DataFrame(
    [["Alice", "1-A"], ["Bob", "1-B"], ["Carrol", "1-C"]],
    columns=["Name", "Class"],
)
df_class
```

```
Out
```

	Name	Class
0	Alice	1-A
1	Bob	1-B
2	Carrol	1-C

問題

列Nameをキーにして、**df** と **df_class** の列Classを結合した、新しいDataFrameを作成してください。

⸫ 期待する結果

	Name	Subject	Point	Class
0	Alice	国語	87	1-A
1	Alice	数学	72	1-A
2	Bob	国語	65	1-B
3	Bob	数学	92	1-B

解答 5.2 別のDataFrameの列を結合するには

リスト5.7：解答

```
In
df.merge(df_class)
```

解説

`df.merge()`を使うと、図5.1のように`df`と第1引数のDataFrameを結合できます。このとき、両者で同名の列がキーとして使われます。図5.1では列Nameがキーです。

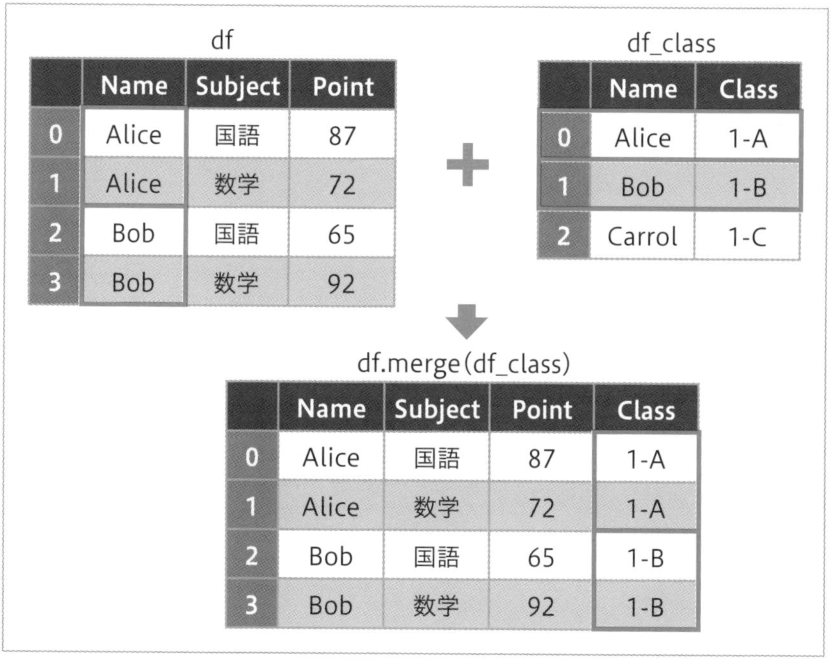

図5.1：DataFrameの結合

デフォルトでは、片方のキーにしか現れない行は結果に入りません。図の`Carol`は`df_class`にしかないので、結合結果には入りません[1]。

　今回は`df`と`df_class`に共通する列**Name**をキーにして結合を行いたいので、`merge()`を使うことで期待する結果が得られます。

---

[1] `merge()`で`how="outer"`とすれば、片方のキーしかない行も残ります。詳細は第1章1.6節の「データの結合（`DataFrame.merge()`）」を参照してください。

別解 5.2 別のDataFrameの列を結合するには

リスト5.8：別解

| In |
```
other = df_class.set_index("Name")
df.join(other, "Name")
```

merge()に似たメソッドでjoin()があります[2]。たとえば、リスト5.8のようにすると「dfの列Name」と「otherのインデックス」をキーにしてデータを結合します。ここで、otherは、df_classの列Nameをインデックスにして作成します。

---

[2] 詳細は第1章1.7節の「データの結合（DataFrame.join()）」を参照してください。

5

問題 5.3 ロング形式から ワイド形式に変換するには

「人間にとって見やすいデータ形式」と「プログラムで扱いやすいデータ形式」は異なります。そのため、状況に応じてデータの構造を変換したいことがよくあります。本問では、一覧性が高く人間にとって見やすいワイド形式への変換方法を扱います。

説明文

変数dfに、生徒と教科ごとのテストの点数が入っています（リスト5.9）。

リスト5.9：データの準備

```
In
df = pd.DataFrame(
    [
        ["Alice", "国語", 87],
        ["Alice", "数学", 72],
        ["Bob", "国語", 65],
        ["Bob", "数学", 92],
    ],
    columns=["Name", "Subject", "Point"],
)
df
```

```
Out
```

	Name	Subject	Point
0	Alice	国語	87
1	Alice	数学	72
2	Bob	国語	65
3	Bob	数学	92

　dfでは生徒の名前と教科が列で表現されており、1行が「ある生徒のある教科の点数」になります。このような形式を**ロング形式**といいます。

　これに対し、図5.2のように、縦軸に名前、横軸に教科をとり、交差部分に点数を格納した形式を**ワイド形式**といいます。ワイド形式では、1行が「ある生徒のすべての教科の点数」になります。すなわち、ロング形式では複数行が1人分に、ワイド形式では1行が1人分になります。

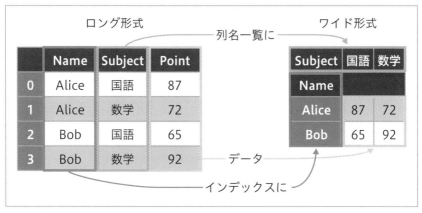

図5.2：ロング形式からワイド形式

問題

　ロング形式の変数dfから、期待する結果のようにワイド形式のデータを作成してください。

期待する結果：

Subject	国語	数学
Name		
Alice	87	72
Bob	65	92

ロング形式から
ワイド形式に変換するには

リスト5.10：解答

| In |

```
df.pivot_table("Point", "Name", "Subject")
```

解説

　ロング形式からワイド形式への変換はよくある処理です。ロング形式からワイド形式を作成するには、`pivot_table()`や`pivot()`が使えます[3]。`pivot()`でできることはすべて`pivot_table()`でできる[4]ので、`pivot_table()`を覚えればよいでしょう。

　`pivot_table()`の3つの引数は、「データ部分の列名」「縦軸に指定する列名」「横軸に指定する列名」です。本問では、縦軸にName、横軸にSubject、交差するデータ部分にPointの値を使いたいので、`df.pivot_table("Point", "Name", "Subject")`となります。

　なお`piovot_table()`では、「ある縦軸と横軸の組み合わせに対して、複数のデータがある」場合に、集約方法を指定できます。デフォルトの集約方法は平均です[5]。本問では複数のデータがないのでデフォルトのままにします。

[3] 集約されたワイド形式の表を、ピボットテーブルやクロス集計表といいます。

[4] `pivot_table()`と`pivot()`は、引数が異なります。

[5] 集約方法の詳細については、pandasの公式ドキュメントのpandas.DataFrame.pivot_tableのリファレンスを参照してください。

ワイド形式から ロング形式に変換するには

「人間にとって見やすいデータ形式」と「プログラムで扱いやすいデータ形式」は異なります。そのため、状況に応じてデータの構造を変換したいことがよくあります。本問では、プログラムで扱いやすいロング形式への変換方法を扱います。

説明文

変数dfに、テストの点数が入っています。行名が生徒、列名が教科です（リスト5.11）。

リスト5.11：データの準備

```
In
index = pd.Index(["Alice", "Bob"], name="Name")
columns = pd.Index(["国語", "数学"], name="Subject")
data = [[87, 72], [65, 92]]
df = pd.DataFrame(data, index=index, columns=columns)
df
```

```
Out
```

Subject	国語	数学
Name		
Alice	87	72
Bob	65	92

dfでは、縦軸に生徒の名前、横軸に教科、交差するデータの部分にテストの点数が格納されています。たとえば、Aliceの国語の点数は87点です。このよ

うな形式を**ワイド形式**といいます。これに対し、図5.3のように、インデックス、列名一覧、データのそれぞれを列に変えた形式を**ロング形式**といいます。

図5.3：ワイド形式からロング形式

問題

ワイド形式の変数 df から、期待する結果のようにロング形式のデータを作成してください。

::: 期待する結果

	Name	Subject	Point
0	Alice	国語	87
1	Bob	国語	65
2	Alice	数学	72
3	Bob	数学	92

ワイド形式からロング形式に変換するには

リスト5.12：解答

```
In
dfm = df.melt(value_name="Point", ignore_index=False)
dfm.reset_index()
```

解説

　一般的に、データ数が増えるとワイド形式の列数が増えることがありますが、ロング形式の列数は変わりません。このため、実務では扱いやすいロング形式にしてから分析することがよくあります。ワイド形式からロング形式を作成するには、`melt()`を使います。`melt()`は`pivot_table()`の逆の処理に相当します（リスト5.13）。

リスト5.13：melt()によるロング形式

```
In
dfm = df.melt(value_name="Point", ignore_index=False)
dfm
```

```
Out
```

Name	Subject	Point
Alice	国語	87
Bob	国語	65
Alice	数学	72
Bob	数学	92

ここでは、2つの引数を指定しています。1つは`value_name="Point"`でワイド形式のデータ部分の列名を`Point`にしています。もう1つは`ignore_index=False`で、インデックスをそのまま用います。

　この状態だと、`Name`がインデックスのままです。最終的には`Name`は列にしたいため、`dfm.reset_index()`でインデックスを列に変換します。

ワイド形式から
ロング形式に変換するには

リスト5.14：別解

| In |

```
dfm = df.stack().rename("Point").sort_index(level=1)
dfm.reset_index()
```

stack()でもmelt()のようにワイド形式からロング形式への変換ができます（リスト5.14）。df.stack()を実行すると、リスト5.15のようにNameとSubjectのペアがインデックスのSeriesになります。

リスト5.15：別解の一部

| In |

```
df.stack()
```

| Out |

```
Name    Subject
Alice   国語        87
        数学        72
Bob     国語        65
        数学        92
dtype: int64
```

このSeriesは無名なので、rename()で名前をつけます。また、結果はSubject順になって欲しいので、sort_index()を使って順番を合わせます。引数level=1は、「行名のペアの2番目でソートする」という設定です。最後にreset_index()でインデックスを列に変えます。

クロス集計するには

実務では、「教科とクラスごとに試験結果の平均を確認する」「顧客の年代と地域ごとに売上の合計を確認する」など、2つの軸でデータを要約して確認したいことがよくあります。本問では、このようなクロス集計を行う方法を扱います。

説明文

変数dfに1人1行の形式で、生徒のクラス（Class）とクラブ活動の種類（Club）が入っています（リスト5.16）。

リスト5.16：データの準備

```
In
```
```python
rnd = np.random.default_rng(2)
data1 = rnd.choice(["1-A", "1-B"], 60)
data2 = rnd.choice(["Science", "Social", "Sport"], 60)
df = pd.DataFrame({"Class": data1, "Club": data2})
df
```

```
Out
```

	Class	Club
0	1-B	Sport
1	1-A	Science
2	1-A	Social
3	1-A	Sport
4	1-A	Social
...	...	...

問題

　期待する結果のように、各クラスの「クラブ別の生徒数」のクロス集計を出力してください。

- クロス集計の行名：列Classの値
- クロス集計の列名：列Clubの値
- クロス集計のデータ：そのクラス・クラブに所属する生徒数（dfの該当行数）

　たとえば、「1-AのクラスでScienceクラブに所属する生徒」は6人いるので、「Classが1-AでClubがScience」の値は6になります[6]。

∴ 期待する結果

Club	Science	Social	Sport
Class			
1-A	6	16	7
1-B	7	13	11

---

[6] 表内の数字の合計は、dfの全行数です。

クロス集計するには

リスト5.17：解答

```
In
dfc = df.value_counts().reset_index()
dfc.pivot_table(0, "Class", "Club")
```

解説

　クロス集計を作成する問題です。しかし、クロス集計の値が元のDataFrameに存在していません。先にこの値を作成する必要があります。この値は、「ClassとClubの組み合わせごとの行数」です。このようなClassとClubの組み合わせごとの行数は、リスト5.18のように求められます。

リスト5.18：value_count()による組み合わせの行数

```
In
df.value_counts()
```

```
Out
Class   Club
1-A     Social      16
1-B     Social      13
        Sport       11
1-A     Sport        7
1-B     Science      7
1-A     Science      6
dtype: int64
```

　リスト5.18の結果は、ClassとClubのペアがインデックスになったSeries
です。このままだとクロス集計をする関数（pivot_table()）で扱えないた
め、インデックスを列にしてDataFrameに変換します。このとき、元のSeries
（最後の列）の列名は0になります（リスト5.19）。

リスト5.19：インデックスを列に移動

| In |

```
df.value_counts().reset_index()
```

| Out |

	Class	Club	0
0	1-A	Social	16
1	1-B	Social	13
2	1-B	Sport	11
3	1-A	Sport	7
4	1-B	Science	7
5	1-A	Science	6

　この結果からクロス集計を作成するには、pivot_table()を利用します。
pivot_table()の3つの引数は、「データ部分の列名」「縦軸に指定する列
名」「横軸に指定する列名」です。縦軸に指定する列から「クロス集計のイン
デックス」が、横軸に指定する列から「クロス集計の列名一覧」が作成されま
す。データ部分の列名は、上記のように0なので、pivot_table(0,
"Class", "Club")とします。

別解
5.5

クロス集計するには

その1

リスト5.20：別解①

```
In
dfc = df.value_counts().reset_index(name="Count")
dfc.pivot_table("Count", "Class", "Club")
```

　`df.value_counts().reset_index()`の最後の列（データ部分）の列名は`0`です。しかし、このコードからは「列名が`0`である」ことがわかりにくいです。`reset_index(name="Count")`とすれば、列名としてCountが設定されます。こうすることで、`pivot_table("Count", "Class", "Club")`のように列名Countを使えるようになり、「データ部分」を指定していることがわかりやすくなります（リスト5.20）。

その2

リスト5.21：別解②

```
In
dfc = df.value_counts().reset_index()
dfc.pivot(index="Class", columns="Club", values=0)
```

　本問では、`pivot_table()`の代わりに`pivot()`を使えます（リスト5.21、`pivot()`が使えない一般的な条件については次の補講で説明）。`pivot()`の3つの引数は、「縦軸に指定する列名」「横軸に指定する列名」「データ部分の列名」です。`pivot_table()`とは引数の順番が変わっていることに注意してください。

⋯ その3

リスト5.22：別解③

| In |

```
df.value_counts().unstack()
```

pivot()の代わりにunstack()でも書けます（リスト5.22）。unstack
()は、行名のペアの1つ目を縦軸に、2つ目を横軸に使います。value_
counts()に続けてunstack()すると、pivot()と同じ結果になります。

補講　ある縦軸と横軸の組み合わせに対して、複数のデータがある場合

　リスト5.23は、「Aliceと国語」のデータが2行あります。このようなデータで pivot_table() を使うと、デフォルトでは平均を計算し結果は70（(80 + 60) / 2）になります。

リスト5.23：重複データの準備

```
In
df2 = pd.DataFrame(
    [
        ["Alice", "国語", 80],  # 名前・教科の重複
        ["Alice", "国語", 60],  # 名前・教科の重複
        ["Alice", "数学", 72],
        ["Bob", "国語", 65],
        ["Bob", "数学", 92],
    ],
    columns=["Name", "Subject", "Point"],
)
df2.pivot_table("Point", "Name", "Subject")
```

```
Out
```

Subject	国語	数学
Name		
Alice	70	72
Bob	65	92

　pivot() や unstack() では、このような重複があるデータを扱えません。もし、使うと ValueError になります（リスト5.24）。

リスト5.24：エラーになる書き方

| In |

```
# 以下のどちらもValueError
df2.pivot(index="Name", columns="Subject", values="Point")
df2.set_index(["Name", "Subject"]).Point.unstack()
```

区切り文字で列を複数列に分解するには

文字列のデータでは、1つの要素に複数の項目が含まれていて、そのままでは扱いづらいことがよくあります。本問では、このようなデータを分解して、列として追加する方法（ワイド形式への変換）を扱います。

説明文

変数dfに、列国と列都市があります。列都市には、「/」区切りで複数の都市が格納されていることもあります（リスト5.25）。

リスト5.25：データの準備

```
In
df = pd.DataFrame(
    {"国": ["日本", "フランス"], "都市": ["東京/大阪", "パリ"]}
)
df
```

```
Out
```

	国	都市
0	日本	東京/大阪
1	フランス	パリ

問題

列都市の要素を「/」で分解して1都市を1列にしてください。変数dfは期待する結果のようになります。

期待する結果：（dfの内容）

	国	都市1	都市2
0	日本	東京	大阪
1	フランス	パリ	

　なお、1つの要素に含まれる都市は2つまでとし、**"東京/大阪/名古屋"** のような3都市以上のケースについては考慮しなくてよいものとします。

解答 5.6　区切り文字で列を複数列に分解するには

リスト5.26：解答

```
In
df[["都市1", "都市2"]] = df.都市.str.extract(r"(\w+)/?(\w*)")
df.drop("都市", axis=1, inplace=True)
```

解説

　文字列が格納された列を、特定のルールにしたがって複数の列に分割したいとき、Seriesの`str.extract()`が便利です。`str.extract()`を使うと、正規表現にマッチするグループごとに複数の列に分解します。抽出したい部分は、丸括弧を使って正規表現のグループ[7]にします。

　新しい列は2列までなので、パターンは`r"(\w+)/?(\w*)"`とします。`(\w+)`が1つ目の都市とマッチします。`(\w*)`が2つ目の都市とマッチします。たとえば`"東京/大阪"`に`r"(\w+)/?(\w*)"`を適用すると、`"東京"`と`"大阪"`の2つのグループができます。また`"パリ"`に適用すると、`"/"`以降がないので、`"パリ"`と空文字列の2つのグループができます。

　最後に、列**都市**は不要なので、`df.drop("都市", axis=1, inplace=True)`で削除します。

[7] 正規表現のパターンの丸括弧内に対応する部分です。

区切り文字で列を複数行に分解するには

文字列のデータでは、1つの要素に複数の項目が含まれていて、そのままでは扱いづらいことがよくあります。本問では、このようなデータを分解して、行として追加する方法（ロング形式への変換）を扱います。

説明文

変数dfに、列国と列都市があります。列都市には、「/」区切りで複数の都市が格納されていることもあります（リスト5.27）。

リスト5.27：データの準備

```
In
```

```python
df = pd.DataFrame(
    {"国": ["日本", "フランス"], "都市": ["東京/大阪", "パリ"]}
)
df
```

```
Out
```

	国	都市
0	日本	東京/大阪
1	フランス	パリ

問題

列都市の要素を「/」で分解して1都市を1行にしてください。変数dfは期待する結果のようになります。

	国	都市
0	日本	東京
1	日本	大阪
2	フランス	パリ

区切り文字で列を
複数行に分解するには

リスト5.28：解答

```
In
df = df.set_index("国").都市.str.extractall(r"(?P<都市>[^/]+)")
df = df.reset_index("国").reset_index(drop=True)
```

解説

　文字列が格納された列を、特定のルールにしたがって複数の行に分割したいとき、Seriesの`str.extractall()`が使えます。`str.extract()`では複数の列に分解しましたが、`str.extractall()`では複数の行に分解します。

　`都市.str.extractall()`の結果は、列都市の情報だけになります。列国を残したいので、最初に、`df.set_index("国")`で列国をインデックスに退避します。

　`extractall()`で抽出したい部分は、正規表現のパターンで丸括弧を使ってグループにします。さらにパターンを`r"(?P<列名>抽出対象)"`とすることで、抽出対象に列名を付けられます[8]。

　`r"(?P<都市>[^/]+)"`とした場合は、「/以外の1文字以上」がグループとしてマッチし、`extractall()`の結果の列の名前が都市になります。

　解答の1行目の結果は、下記のように国とmatchのペアがインデックスになります。なお、インデックス中のmatchの値は、正規表現で抽出したグループの順番 − 1です。

---

[8]（?P<グループ名>パターン）という表記は、「名前付きグループ」と呼ばれる正規表現の書き方です。

```
In
df = df.set_index("国").都市.str.extractall(r"(?P<都市>[^/]+)")
df
```

```
Out
```

		都市
国	match	
日本	0	東京
	1	大阪
フランス	0	パリ

　期待する結果に合わせるために、reset_index("国")でインデックス中の国を列に戻します。このままだとインデックスがmatchになっています。そのため、再度reset_index(drop=True)とすることで、matchを削除してインデックスを通し番号にします。変形過程をひとつずつ実行してみると理解が深まるでしょう。

第 6 章

データを加工・演算しよう

問題 6.1 負の値を0に置換するには

データ分析では、異常値を扱うこともよくあります。たとえば、電力センサーから得られる電気使用量が負になっていることもあるでしょう。本問では、このようなデータを補正する方法を扱います。

説明文

変数 sr に、ある家庭の日ごとの電気使用量（kWh）が入っています（リスト 6.1）。

リスト6.1：データの準備

```
In
sr = pd.Series([122, -3, 67])
sr
```

```
Out
0    122
1     -3
2     67
dtype: int64
```

問題

計器の不具合で負の値がありました。負の値を0に置き換えて表示してください。

期待する結果

```
0    122
1      0
2     67
dtype: int64
```

解答 6.1　負の値を0に置換するには

リスト6.2：解答

```
In
sr.where(sr >= 0, 0)
```

解説

　where(条件, 別の値)は、条件を満たすときに元の値を返し、そうでないときに別の値を返します。これを使えば、負のときに0を返すようにできます。負の逆は、非負なのでsr >= 0になります。

別解
6.1

負の値を0に置換するには

リスト6.3：別解

| In |

```
sr.mask(sr < 0, 0)
```

mask(条件, 別の値) は、条件を満たすときに別の値を返し、そうでないときに元の値を返します（リスト6.3）。

問題 6.2 欠損値を置換するには

データの変換ミスやセンサーの不具合などさまざまな理由により、データが欠損していることがよくあります。欠損データの扱い方はいろいろありますが、本問では直前の行の値による補完方法を扱います。

説明文

変数dfに、ある生徒の5回分のテストの点数が実施順に入っています（リスト6.4）。

リスト6.4：データの準備

```
In
df = pd.DataFrame([80, 100, 79, np.nan, 91], columns=["Point"])
df
```

```
Out
```

	Point
0	80.0
1	100.0
2	79.0
3	NaN
4	91.0

問題

列Pointには、欠損値が含まれています。欠損値を「直前の値」で埋めた値を取得してください。

期待する結果

```
0     80.0
1    100.0
2     79.0
3     79.0
4     91.0
Name: Point, dtype: float64
```

解答 6.2 欠損値を置換するには

リスト6.5：解答

| In |

```
df.Point.fillna(method="ffill")
```

解説

欠損値を直前の値で埋めるには、fillna()の引数methodに"ffill"を指定します。これは、forward fillを意味します。

もし直後の値で埋めたい場合には、methodに"bfill"を指定します。これは、backward fillを意味します（リスト6.6）。

リスト6.6：直後の値で埋める場合

| In |

```
df.Point.fillna(method="bfill")
```

| Out |

```
0      80.0
1     100.0
2      79.0
3      91.0
4      91.0
Name: Point, dtype: float64
```

DataFrameの欠損値

欠損値を置換するには

fillna()は、DataFrameでも同じように使えます。また、**DataFrame. fillna()** の引数axisでは、補完の処理を行方向（**0**）と列方向（**1**）から選べます。リスト6.7は、実行例です。

リスト6.7：DataFrameの欠損値の置換

| In |

```
df.fillna(method="ffill", axis=0)
```

| Out |

	Point
0	80.0
1	100.0
2	79.0
3	79.0
4	91.0

補講 2

欠損値の削除

　今回の問題では、欠損値を直前の値で補完して対応しました。欠損値の対応では、欠損値を含むデータごと削除する場合もあります。欠損値を削除したい場合は、dropna( ) が使えます（リスト6.8）。

リスト6.8：欠損値の削除

| In |

```
df.dropna()
```

| Out |

	Point
0	80.0
1	100.0
2	79.0
4	91.0

欠損値を別の列の値で補完するには

ある列の欠損値を補完するときに、別の列の値が必要になることがあります。本問では、その補完方法を扱います。

説明文

変数 df に、今回のテストの点数（Point）と前回のテストの点数（Last）が入っています。前回のテストを欠席して点数がない場合は、np.nan になっています（リスト6.9）。

リスト6.9：データの準備

```
In
df = pd.DataFrame(
    [
        ["Alice", "国語", 87, 83],
        ["Alice", "数学", 72, np.nan],
        ["Bob", "国語", 65, np.nan],
        ["Bob", "数学", 92, 86],
    ],
    columns=["Name", "Subject", "Point", "Last"],
)
df
```

	Name	Subject	Point	Last
0	Alice	国語	87	83.0
1	Alice	数学	72	NaN
2	Bob	国語	65	NaN
3	Bob	数学	92	86.0

問題

Lastが欠損しているところにPointの値を代入してください。dfは、期待する結果のようになります。Lastの値は小数のままで構いません。

◌ 期待する結果：（dfの内容）

	Name	Subject	Point	Last
0	Alice	国語	87	83.0
1	Alice	数学	72	72.0
2	Bob	国語	65	65.0
3	Bob	数学	92	86.0

欠損値を別の列の値で
補完するには

リスト6.10：解答

| In |

```
df.Last.fillna(df.Point, inplace=True)
```

解説

　列の欠損値を指定した値で埋めるときは、その列の fillna() を使います。埋めたい値が別の列にある場合は、fillna(別の列) とします。df.Last.fillna(df.Point) とすることで、Last の欠損しているところに、同じ行のPoint の値を埋めます。また、inplace=True とすることで、df を更新できます。

別解
6.3

欠損値を別の列の値で
補完するには

解答6.3では inplace=True として元の df を更新しましたが、リスト6.11のような記述でも更新可能です。

リスト6.11：別解

```
In
df.Last = df.Last.fillna(df.Point) # 別解 (1)
df.update(df.Last.fillna(df.Point))  # 別解 (2)
```

別解（1）では、列 Last に補完結果を代入することで列を更新しています。別解（2）では、update() で更新しています。

また、列 Last を Point で補完する処理は、fillna() ではなく where() も使えます。where(条件, 別の値) は、条件を満たす要素はそのまま、条件を満たさない要素は別の値に変換して取得します（リスト6.12）[1]。

リスト6.12：別解

```
In
df.Last = df.Last.where(~df.Last.isna(), df.Point)  # 別解 (3)
df.update(df.Last.where(~df.Last.isna(), df.Point))  # 別解 (4)
```

最後に、リスト6.13のように「Last が欠損している行の Point（df.Point[df.Last.isna()]）」を使って列 Last の更新もできます。これは、update() が行名をキーとして更新するからです。

リスト6.13：別解

```
In
df.Last.update(df.Point[df.Last.isna()])  # 別解 (5)
```

---

[1] where(~条件, ...) の代わりに、mask(条件, ...) も使えます。

　なお別解(5)で`update()`を使わずに`df.Last = df.Point[df.Last.isna()]`のように書くのは正しくないので注意しましょう。これは、`update()`では存在しない行名はそのままの値になるのに対し、`=`による代入では`np.nan`になってしまうためです。

問題 6.4 重複する行を削除するには

実務では、データの取得方法によっては「同じ製品の情報が複数ある」「同じ顧客の情報が複数ある」などの重複が発生することがよくあります。本問では、このような重複を取り除く方法を扱います。

説明文

変数dfに、各生徒の教科ごとのテストの点数（Point）が入っています（リスト6.14）。

2行目と5行目でAliceの数学のデータが重複しています。2行目は修正前の正しくないデータで、5行目が修正後のデータです。修正前のデータに対応する修正後のデータは、列Nameと列Subjectが同じ値で、列Pointが異なります。また、修正後のデータの方が後の行になります。

リスト6.14：データの準備

```
In
df = pd.DataFrame(
    [
        ["Alice", "国語", 87],
        ["Alice", "数学", 0],  # 修正前のデータ
        ["Bob", "国語", 65],
        ["Bob", "数学", 92],
        ["Alice", "数学", 72],  # 修正後のデータ
    ],
    columns=["Name", "Subject", "Point"],
)
df
```

| Out | | | |

	Name	Subject	Point
0	Alice	国語	87
1	Alice	数学	0
2	Bob	国語	65
3	Bob	数学	92
4	Alice	数学	72

問題

列Nameと列Subjectの組み合わせが重複しないように、修正前の行を除いたDataFrameを取得してください。

期待する結果

	Name	Subject	Point
0	Alice	国語	87
2	Bob	国語	65
3	Bob	数学	92
4	Alice	数学	72

解答
6.4

重複する行を削除するには

リスト6.15：解答

`In`

```
df.drop_duplicates(["Name", "Subject"], keep="last")
```

解説

　重複を取り除きたい場合、drop_duplicates(列名または列名のリスト)とします。列名のリストを指定すると、組み合わせが重複しないように取り除きます。

　今回は、重複している中で最後の行を残したいので、引数keepで"last"を指定します。なお、keep="last"がない場合、重複している中で最初の行が残ります。

データを加工・演算しよう

問題 6.5　特定の列のTop3の順位を追加するには

実務では、重要度の高いデータに着目して処理したいことがあります。本問では、Top3の順位を追加する方法を扱います。

説明文

変数dfに、テストの点数が入っています（リスト6.16）。

リスト6.16：データの準備

```
In
```

```python
df = pd.DataFrame(
    [
        ["Alice", "国語", 92],
        ["Alice", "数学", 72],
        ["Bob", "国語", 65],
        ["Bob", "数学", 92],
    ],
    columns=["Name", "Subject", "Point"],
)
df
```

```
Out
```

	Name	Subject	Point
0	Alice	国語	92
1	Alice	数学	72
2	Bob	国語	65
3	Bob	数学	92

問題

　下記のルールで列 Point の Top3 の順位を求め、新しい列 Rank として追加してください。

- 各教科（Subject）ではなく、全教科での順位を計算する
- Top3 以外は欠損値とする
- 同一点数の場合は、上にある行を上位にする（たとえば、1 行目と 4 行目は両方 92 だが、順に 1 位と 2 位になる）

期待する結果：（df の内容）

	Name	Subject	Point	Rank
0	Alice	国語	92	1.0
1	Alice	数学	72	3.0
2	Bob	国語	65	NaN
3	Bob	数学	92	2.0

解答 6.5 特定の列のTop3の順位を追加するには

リスト6.17：解答

| In |

```
df.loc[df.Point.nlargest(3).index, "Rank"] = [1, 2, 3]
```

解説

　今回やりたいことは「Top3だけに順位が格納されており、それ以外は欠損値となっている列」を追加することです。このように「一部の要素にだけ値が格納された列」を追加するには、構文6.1のようにします。このとき「追加したい要素のインデックス」に含まれなかったデータは欠損値になります。

構文6.1：一部の要素にだけ値を追加

| In |

```
df.loc[追加したい要素のインデックス, 新しい列名] = 追加するデータ
```

　題意の通り、新しい列Rankを作成して順位である[1, 2, 3]を設定する場合は、構文6.2のようになります。

構文6.2：Top3にだけ順位を追加

| In |

```
df.loc[Top3のインデックス, "Rank"] = [1, 2, 3]
```

　Top3のインデックスを求めるには、まずは列Pointの上位3個を得る必要があります。これは、リスト6.18のようにnlargest()で引数に3を指定して取得できます。なお、同じ値が複数ある場合は、上の行が優先されます。

リスト6.18：列Pointの上位3個

```
In
```

```
df.Point.nlargest(3)
```

```
Out
```

```
0    92
3    92
1    72
Name: Point, dtype: int64
```

indexでインデックスを取得できるので、最終的にリスト6.19のように書くことで期待する結果を得られます。

リスト6.19：Top3を列Rankとして追加

```
In
```

```
df.loc[df.Point.nlargest(3).index, "Rank"] = [1, 2, 3]
```

指定した境界値で階級を分けるには

実務では、データの値によって階級分けすることがあります。本問では、境界値を使った階級分けを扱います。

説明文

変数dfに100行1列のデータがあります。また、その要素の値は、おおよそ−3から3の範囲に入っています（リスト6.20）。

リスト6.20：データの準備

```
In
```

```
rnd = np.random.default_rng(3)
df = pd.DataFrame(rnd.standard_normal(100), columns=["Value"])
df
```

```
Out
```

	Value
0	2.040919
1	-2.555665
2	0.418099
3	-0.567770
4	-0.452649
...	...
95	-1.730013
96	-0.004414
97	1.213564
98	0.757058
99	0.215651

100 rows × 1 columns

問題

列 Value の値を下記の階級で分類し、df に新しい列 Category を追加してください。

- "(-inf, -2.0]"：−2以下
- "(-2.0, -1.0]"：−2より大きく−1以下
- "(-1.0, 0.0]"：−1より大きく0以下
- "(0.0, 1.0]"：0より大きく1以下
- "(1.0, 2.0]"：1より大きく2以下
- "(2.0, inf]"：2より大きい

⬝⬝⬝ 期待する結果：（df の内容）

	Value	Category
0	2.040919	(2.0, inf]
1	-2.555665	(-inf, -2.0]
2	0.418099	(0.0, 1.0]
3	-0.567770	(-1.0, 0.0]
4	-0.452649	(-1.0, 0.0]
...	...	...
95	-1.730013	(-2.0, -1.0]
96	-0.004414	(-1.0, 0.0]
97	1.213564	(1.0, 2.0]
98	0.757058	(0.0, 1.0]
99	0.215651	(0.0, 1.0]

100 rows × 2 columns

指定した境界値で階級を分けるには

リスト6.21：解答

| In |

```
# 境界値のリスト
bins = [-np.inf, -2, -1, 0, 1, 2, np.inf]
# 境界値を使って、列Valueを階級に分類
df["Category"] = pd.cut(df.Value, bins)
```

解説

　1次元の数値データを階級化（離散化）することを**ビン分割**といいます。ビン分割は、`pd.cut()`や`pd.qcut()`でできます。`pd.cut()`がビンの間隔を基準にして分割するのに対し、`pd.qcut()`は、ビン内のデータの個数を基準にして分割します。今回のように境界値を指定して分割する場合、ビンの間隔が基準になるため、`pd.cut()`を使います。

　第1引数に1次元のデータを指定します。ここではSeriesである`df.Value`を指定します[2]。第2引数には、境界値を指定します[3]。ここでは、問題文で提示された階級分けに従い、`[-np.inf, -2, -1, 0, 1, 2, np.inf]`を指定します。

---

[2] 第1引数の型によって`pd.cut()`の戻り値が異なります。
[3] 第2引数は、いろいろな形式で指定できますが、ここでは数値のリストについてのみ説明しています。

補講　区間の記法

　(1.0, 2.0]というような書き方は、数学における区間の記法です。丸括弧側の境界が含まれず、角括弧側の境界が含まれることを表します。

　(1.0, 2.0]は、「1より大きく2以下」の区間を意味します。

問題

6.7

四分位数で
階級を分けるには

実務では、データの大小によって階級分けすることがあります。本問では、四分位数を使った階級分けを扱います。

説明文

変数 df に 100 行 1 列のデータがあります（リスト 6.22）。

リスト6.22：データの準備

```
In
```
```
rnd = np.random.default_rng(3)
df = pd.DataFrame(rnd.standard_normal(100), columns=["Value"])
df
```

```
Out
```

	Value
0	2.040919
1	-2.555665
2	0.418099
3	-0.567770
4	-0.452649
...	...
95	-1.730013
96	-0.004414
97	1.213564
98	0.757058
99	0.215651

100 rows × 1 columns

問題

列 Value の値を下記の階級で分類し、df に新しい列 Category を追加してください。

- **"第1四分位数以下"**：第1四分位数以下
- **"第2四分位数以下"**：第1四分位数より大きく第2四分位数以下
- **"第3四分位数以下"**：第2四分位数より大きく第3四分位数以下
- **"その他"**：第3四分位数より大きい

期待する結果：（df の内容）

	Value	Category
0	2.040919	その他
1	-2.555665	第1四分位数以下
2	0.418099	第3四分位数以下
3	-0.567770	第2四分位数以下
4	-0.452649	第2四分位数以下
...	...	...
95	-1.730013	第1四分位数以下
96	-0.004414	第3四分位数以下
97	1.213564	その他
98	0.757058	その他
99	0.215651	第3四分位数以下

100 rows × 2 columns

四分位数は、図6.1のように、データを小さい順に並べてデータ数を4分割したときの値です。

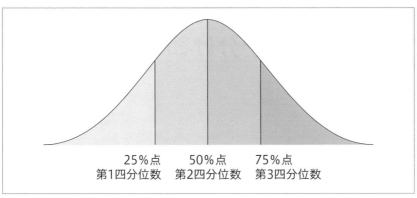

図6.1：四分位数

四分位数で
階級を分けるには

リスト6.23：解答

```
In
labels = ["第1四分位数以下", "第2四分位数以下", "第3四分位数以下", "その他"]
df["Category"] = pd.qcut(df.Value, 4, labels=labels)
```

解説

　「四分位数を基準にして階級を分類する」ことは、「階級内のデータ数が均等になるように4等分する」ことに相当します。このように、各階級内のデータ数が均等になるようなビン分割では、pd.qcut()を使います。

　第1引数に1次元のデータを指定します。ここではSeriesであるdf.Valueを指定します。第2引数には、階級の個数を指定します。今回は4等分したいので、4を指定します。引数labelsには、階級のラベルを指定します。値が小さい階級から順に["第1四分位数以下", "第2四分位数以下", "第3四分位数以下", "その他"]と指定します。

　実際に各階級のデータ数を数えて、4等分されていることを確認してみましょう。value_counts()は、要素の値の種類ごとに個数を数えるメソッドです。

　リスト6.24を実行すると、各階級が25個であることを確認できます。

データを加工・演算しよう

リスト6.24：各階級の個数の確認

| In |

```
df.Category.value_counts()
```

| Out |

第1四分位数以下　　25

第2四分位数以下　　25

第3四分位数以下　　25

その他　　　　25

Name: Category, dtype: int64

階級の境界値の確認

　リスト6.25のように引数retbinsでTrueを指定すると、ビン分割の結果（リスト6.25の_）と共に境界値（bins）を取得できます。

リスト6.25：境界値の取得

```
In
_, bins = pd.qcut(df.Value, 4, labels=labels, retbins=True)
bins   # 境界値（最小値、第1、第2、第3四分位数、最大値）
```

```
Out
array([-2.82816231, -0.6967369 , -0.03719927,  0.67510946,  ⮕
3.32299952])
```

　得られた境界値を使うと、pd.cut()でビン分割できます。しかし、境界値をそのまま使ってもpd.qcut()と同じ分類にはなりません。理由は、pd.cut()の階級では下限を含まないからです。つまり「最小値から第1四分位数」の階級には最小値は含まれません。これを解消するには、リスト6.26のようにpd.cut()に「最小値を階級に含める」ためのinclude_lowest=Trueが必要です。

リスト6.26：最小値を階級に含める場合

```
In
r = pd.cut(df.Value, bins, labels=labels, include_lowest=True)
df["Category"] = r
```

　もし、include_lowest=Trueをつけないと、リスト6.27のようにValueが最小値の行のCategoryがnp.nanになります。これは、どの階級にも含まれないことを意味しています。

リスト6.27：最小値の階級が欠損していることの確認

| In |

```
df["Category"] = pd.cut(df.Value, bins, labels=labels)
df.loc[df.Value.idxmin()]   # Valueが最小値の行
```

| Out |

```
Value         -2.828162
Category           NaN
Name: 36, dtype: object
```

第 **7** 章

データをグループ化しよう

点数の合計の列を追加するには

実務では、データを集約して元のデータに新たな列として追加したいことがあります。本問では、データの集約と結合を組み合わせる方法を扱います。

説明文

変数dfに、テストの点数が入っています（リスト7.1）。

リスト7.1：データの準備

```
In
df = pd.DataFrame(
    [
        ["Alice", "国語", 87],
        ["Alice", "数学", 72],
        ["Bob", "国語", 65],
        ["Bob", "数学", 92],
    ],
    columns=["Name", "Subject", "Point"],
)
df
```

```
Out
```

	Name	Subject	Point
0	Alice	国語	87
1	Alice	数学	72
2	Bob	国語	65
3	Bob	数学	92

問題

　「生徒（**Name**）ごとの点数（**Point**）の合計」を列 **Total** として追加した
DataFrame を作成してください。たとえば、Alice は 87 点と 72 点で合計 159
点になるので、Alice の 2 行（1 行目と 2 行目）の Total はどちらも **159** になり
ます。同様に、Bob は 65 点と 92 点で合計 157 点になり、Bob の 2 行（3 行目
と 4 行目）はどちらも **157** になります。

期待する結果

	Name	Subject	Point	Total
0	Alice	国語	87	159
1	Alice	数学	72	159
2	Bob	国語	65	157
3	Bob	数学	92	157

解答 7.1 点数の合計の列を 追加するには

リスト7.2：解答

```
In
sr = df.groupby("Name").Point.sum()
df.join(sr.rename("Total"), "Name")
```

解説

何らかのグループごとに集約をしたい場合は、groupby()と集約メソッドを組み合わせます[1]。

「生徒（Name）ごとの点数（Point）の合計」は、リスト7.3のようになります。

リスト7.3：生徒ごとの点数の合計

```
In
sr = df.groupby("Name").Point.sum()
sr
```

```
Out
Name
Alice     159
Bob       157
Name: Point, dtype: int64
```

このsrを、Nameをキーにしてdfと結合すると良さそうです。キーであるNameは、dfでは列名、srではインデックスです。このような結合では、join()が便利です。df.join(Series, 列名)とすることで、dfの列名

---

[1] 詳細は第1章1.9節の「データのグループ化（DataFrame.groupby()）」を参照してください。

とSeriesのインデックスをキーにして結合できます[2]。

　しかし、`df.join(sr, "Name")`とすると ValueError になります。これは、`sr`の名前が`Point`となっており、`df`の列名とかぶっているからです。そこで、`sr`の名前を変更する必要があります。問題では、列名を`Total`にするよう指定されているので、`sr.rename("Total")`のようにして名前を変えます。まとめると、「生徒ごとの点数の合計」と`df`の結合は、リスト7.4のようになります。

リスト7.4：合計の名前をTotalにして結合

| In |

```
df.join(sr.rename("Total"), "Name")
```

---

[2] 詳細は第1章1.7節の「データの結合（`DataFrame.join()`）」を参照してください。

問題
7.2

生徒ごとの教科名の一覧を追加するには

実務では、データを集約して元のデータに新たな列として追加したいことがあります。本問では、非数値のデータの集約と結合を組み合わせる方法を扱います。

説明文

変数df_classに、生徒（Name）ごとのクラス（Class）が入っています（リスト7.5）。

リスト7.5：データの準備①

```
In
```

```python
df_class = pd.DataFrame(
    [["Alice", "1-A"], ["Bob", "1-B"]],
    columns=["Name", "Class"],
)
df_class
```

```
Out
```

	Name	Class
0	Alice	1-A
1	Bob	1-B

また、変数dfに、テストの点数が入っています（リスト7.6）。

リスト7.6：データの準備②

| In |

```python
df = pd.DataFrame(
    [
        ["Alice", "国語", 87],
        ["Alice", "数学", 72],
        ["Bob", "国語", 65],
        ["Bob", "理科", 92],
    ],
    columns=["Name", "Subject", "Point"],
)
df
```

| Out |

	Name	Subject	Point
0	Alice	国語	87
1	Alice	数学	72
2	Bob	国語	65
3	Bob	理科	92

問題

`df`から生徒ごとの教科名の一覧の列（`Subject`）を作り、`df_class`と結合したDataFrameを作成してください。`Subject`は「/」で教科名を繋げてください。

期待する結果

	Name	Class	Subject
0	Alice	1-A	国語 / 数学
1	Bob	1-B	国語 / 理科

解答 7.2 生徒ごとの教科名の一覧を追加するには

リスト7.7：解答

```
In
sr = df.groupby("Name").Subject.apply("/".join)
df_class.join(sr, "Name")
```

解説

生徒ごとに教科名の一覧が必要なので、`df.groupby("Name")`でName ごとにグループ化します[3]。続けて`Subject.apply("/".join)`で、生徒 ごとの教科を「/」で連結します（リスト7.8）[4]。

リスト7.8：生徒ごとの教科名の一覧

```
In
sr = df.groupby("Name").Subject.apply("/".join)
sr
```

```
Out
Name
Alice    国語/数学
Bob      国語/理科
Name: Subject, dtype: object
```

`"/".join`がメソッドであることに注意してください。なお、`Subject.apply(lambda x: "/".join(x))`とも書けますが、冗長です。

---

[3] 詳細は第1章1.9節の「データのグループ化（DataFrame.groupby()）」を参照してください。

[4] 詳細は第1章1.8節の「関数の適用（DataFrame.apply()／Series.apply()）」を参照してください。

　続いて、`df_class`と作成した`sr`（生徒ごとの教科名の一覧）を結合します。そのためには、`df_class.join(Series, 列名)`を使います[5]。こうすることで、`df_class`の列名と`Series`のインデックスをキーにして結合できます。`sr`は`Name`をインデックスとしているので、具体的には`df_class.join(sr, "Name")`とすることで結合できます。

----

[5] 詳細は第1章1.7節の「データの結合（`DataFrame.join()`）」を参照してください。

値の種類から
辞書を作成するには

DataFrameではいろいろな計算ができますが、場合によってはDataFrameではなく辞書の形式でデータを扱いたいことがあります。本問では、データを集約してから辞書を作成する方法を扱います。

説明文

変数dfに、テストの点数が入っています（リスト7.9）。

リスト7.9：データの準備

```
In
df = pd.DataFrame(
    [
        ["Alice", "国語", 87],
        ["Alice", "数学", 72],
        ["Bob", "国語", 65],
        ["Bob", "数学", 92],
        ["Carol", "数学", 98],
    ],
    columns=["Name", "Subject", "Point"],
)
df
```

Out			
	Name	**Subject**	**Point**
0	Alice	国語	87
1	Alice	数学	72
2	Bob	国語	65
3	Bob	数学	92
4	Carol	数学	98

問題

　期待する結果のように「SubjectごとのNameのリスト」を辞書として作
成してください。

期待する結果

```
{'国語': ['Alice', 'Bob'], '数学': ['Alice', 'Bob', 'Carol']}
```

解答 7.3 値の種類から 辞書を作成するには

リスト7.10：解答

| In |

```
df.groupby("Subject").Name.apply(list).to_dict()
```

解説

　Subjectごとの Name 一覧は、df.groupby("Subject").Name で求められます。この各要素をリストにするには、要素に関数を適用するメソッドである apply(list) を使います。この結果は Series ですが、本問では辞書形式の結果が欲しいので、to_dict() を使って辞書に変換します。

別解
7.3

値の種類から
辞書を作成するには

リスト7.11：別解

| In |

```
df.set_index("Name").groupby("Subject").groups
```

　`groupby()`の結果の`groups`を使うと、各グループのキーが辞書のキーになった辞書を取得できます（リスト7.11）。この辞書の値は、「各グループの行名のリスト」です。そのため、`set_index("Name")`のように列Nameをインデックスにしてから実行すると、辞書の値はNameのリストになります。

agg ( ) について

　一般に何らかの集約をしたいとき、agg ( ) を使います。ただし、agg ( ) に指定する関数は、集約に限る必要はありません。このため、解答の apply (list) の代わりに agg (list) を使っても同じ結果になります（リスト7.12）。

リスト7.12：apply ( ) の代わりに agg ( ) を使った例

```
In
df.groupby("Subject").Name.agg(list).to_dict()
```

　ところで、apply ( ) では1つの処理しか適用できないのに対し、agg ( ) では列ごとに異なる処理を適用できます。そのため、DataFrame の複数の列に対し異なる処理をしたい場合は、一般的に agg ( ) を使います。リスト7.13の例では、列 Name ではリストを "/" で結合した文字列に変換し、列 Point では平均を求める処理を行っています。

リスト7.13：列ごとに異なる処理の例

```
In
df.groupby("Subject").agg({"Name": "/".join, "Point": "mean"})
```

```
Out
```

	Name	Point
Subject		
国語	Alice/Bob	76.000000
数学	Alice/Bob/Carol	87.333333

問題 7.4

特定の列ごとに順位を追加するには

実務では、ある基準の順位が必要になることがあります。
本問では、グループ内の順位を求める方法を扱います。

説明文

変数dfに、生徒ごとのテストの点数が入っています（リスト7.14）。

リスト7.14：データの準備

```
In
```
```python
df = pd.DataFrame(
    [
        ["Alice", "国語", 87],
        ["Alice", "数学", 72],
        ["Bob", "国語", 65],
        ["Bob", "数学", 92],
    ],
    columns=["Name", "Subject", "Point"],
)
df
```

```
Out
```

	Name	Subject	Point
0	Alice	国語	87
1	Alice	数学	72
2	Bob	国語	65
3	Bob	数学	92

問題

　教科（Subject）ごとに生徒の順位を求め、新しい列Rankとして追加してください。dfは、期待する結果のようになります。Rankの値は小数のままで構いません。

期待する結果：（dfの内容）

	Name	Subject	Point	Rank
0	Alice	国語	87	1.0
1	Alice	数学	72	2.0
2	Bob	国語	65	2.0
3	Bob	数学	92	1.0

解答 7.4 特定の列ごとに 順位を追加するには

リスト7.15：解答

```
In
```

```
df["Rank"] = df.groupby("Subject").Point.rank(ascending=False)
```

解説

　教科ごとに順位を計算したいので、groupby()を使ってSubjectごとに
グループ化します。グループごとのPointの順位はrank()で計算します。点
数の高い順に取得するには、ascending=Falseで降順の指定をします。こ
こまでを確認するとリスト7.16のようになります。

リスト7.16：教科ごとの順位

```
In
```

```
df.groupby("Subject").Point.rank(ascending=False)
```

```
Out
```

```
0    1.0
1    2.0
2    2.0
3    1.0
Name: Point, dtype: float64
```

　最後に、df["Rank"] = ...と代入して列Rankを作成できます。

問題 7.5 グループごとに通し番号を追加するには

グループごとに何らかの処理を行うために、グループ内の通し番号が必要になることがあります。ここでは、グループごとの通し番号の計算方法を扱います。

説明文

変数dfに、テストの点数が入っています（リスト7.17）。

リスト7.17：データの準備

```
In
df = pd.DataFrame(
    [
        ["Alice", "国語", 87],
        ["Alice", "数学", 72],
        ["Bob", "国語", 65],
        ["Bob", "数学", 92],
        ["Bob", "社会", 88],
    ],
    columns=["Name", "Subject", "Point"],
)
df
```

Out	Name	Subject	Point
0	Alice	国語	87
1	Alice	数学	72
2	Bob	国語	65
3	Bob	数学	92
4	Bob	社会	88

問題

生徒（Name）ごとの0始まりの通し番号を、新しい列Countとして追加してください。Countの1行目と3行目はそれぞれAliceとBobの先頭なので、ともに0になります。

期待する結果：（dfの内容）

	Name	Subject	Point	Count
0	Alice	国語	87	0
1	Alice	数学	72	1
2	Bob	国語	65	0
3	Bob	数学	92	1
4	Bob	社会	88	2

グループごとに
通し番号を追加するには

リスト7.18：解答

```
In
df["Count"] = df.groupby("Name").cumcount()
```

解説

　グループごとに0始まりの通し番号を割り当てたい場合は、DataFrame
GroupByの cumcount() を使います。今回は生徒ごとに計算したいので、ま
ず groupby() を使って Name ごとにグループ化します。この結果の型が
DataFrameGroupByになるので、cumcount() で通し番号を割り当てます。

　最後に、df["Count"] = ... と代入して列 Count を作成できます。

補講 1　前の行と連続する値のグループ で通し番号を割り当てるには

　実務では、前の行と連続する値のグループ（ここでは、便宜上連続値グループと呼びます）で通し番号が必要になることがあります。これは、値が異なる行で通し番号をリセットすれば計算できます。したがって先頭から順番に一度処理するだけで計算できます。しかし、forで処理すると効率が悪いです。また、groupby()とcumcount()を使ってもできますが、大規模データでは遅くなることがあります。ここでは、少し難しいですが高速に計算する方法を紹介します。

　具体例で説明します。簡単のために、リスト7.19のSeriesを使います。

リスト7.19：補講用のデータの準備

```
In
sr = pd.Series(["A", "B", "B", "A", "C", "C", "C"])
```

　連続値グループは、「A」「B，B」「A」「C，C，C」の4つです。1個目と4個目のAは、連続してないので別のグループになることに注意してください。

　このとき、求めたい「連続値グループごとの通し番号」を、ここでは目的値と呼ぶことにします。目的値は、図7.1のように0，0，1，0，0，1，2になります。

sr	A	B	B	A	C	C	C
目的値	0	0	1	0	0	1	2

図7.1：目的値

　この目的値は、リスト7.20のように計算できます。

リスト7.20：連続値グループの通し番号

```
In
same = sr == sr.shift()   # 前の行と連続するか
csum = same.cumsum()
msum = csum * same
accm = np.fmax.accumulate(csum - msum)
csum - accm   # 目的値
```

```
Out
0    0
1    0
2    1
3    0
4    0
5    1
6    2
dtype: int64
```

　1つずつ確認していきましょう。まずは、前の行と値が同じかどうかを取得します。これは、データを1行ずらすshift()を利用して計算できます（リスト7.21）。図7.2はわかりやすいようにTrue/Falseを1/0で表記しています。

リスト7.21：前の行と同じかどうか

```
In
same = sr == sr.shift()
```

sr	A	B	B	A	C	C	C
same	0	0	1	0	0	1	1

グループの始まりが0

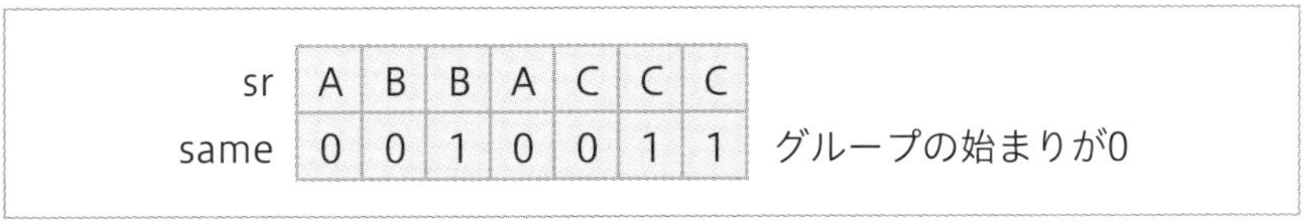

図7.2：same

通し番号は、同じ値が連続しているときに1ずつ増えます。リスト7.22のようにsameの累積和を取ってみましょう（図7.3）。

リスト7.22：sameの累積和

In

```
csum = same.cumsum()
```

sr	A	B	B	A	C	C	C	
csum	0	0	1	1	1	2	3	グループ内で通し番号

図7.3：csum

単純に累積和を取るだけでは、途中のグループの先頭が0始まりになりません。まずは、先頭だけでも0にします。そのためには、リスト7.23のようにsameを掛けます（図7.4）。

リスト7.23：先頭だけ0にしたもの

In

```
msum = csum * same
```

sr	A	B	B	A	C	C	C	
msum	0	0	1	0	0	2	3	グループの先頭を0に

図7.4：msum

msumはグループの先頭が0で、先頭以外はcsumと同じです。したがって、csum - msumは、グループの先頭部分ではcsum - **目的値**です。また、グループの先頭以外は0です（図7.5）。

sr	A	B	B	A	C	C	C	
csum - msum	0	0	0	1	1	0	0	濃い部分は、csum - 目的値

図7.5：csum − msum

　ここで重要なことは、**csum − 目的値**が単調増加であり、値が増加するときは、**csum − msum**にその値があることです。このことから**csum − 目的値**は、**csum − msum**の「先頭から現在の位置までの最大値」になります。

　この先頭からの最大値は、**np.fmax.accumulate( )**で計算できます（詳しくは次の補講で説明します）。リスト7.24の**accm**が、**csum − 目的値**になります（図7.6）。

リスト7.24：csum - msumの先頭からの最大値

```
In
accm = np.fmax.accumulate(csum − msum)
```

sr	A	B	B	A	C	C	C	
accm	0	0	0	1	1	1	1	csum - 目的値

図7.6：accm

　accm == csum − 目的値なので、目的値は**csum − accm**です（図7.7）。

sr	A	B	B	A	C	C	C	
csum - accm	0	0	1	0	0	1	2	目的値

図7.7：目的値

補講 2 NumPyのユニバーサル関数 のaccumulate()

　NumPyで累積値を求める上で便利なaccumulate()について紹介します。accumulate()は、NumPyのユニバーサル関数のメソッドで、「最初の要素から各要素までの和（累積和）」「最初の要素から各要素までの積（累積積）」「最初の要素から各要素までの最大値（累積最大値）」など、さまざまな累積値を計算できます。

　ユニバーサル関数は、以下の特徴を持つ関数です。

- NumPyの多次元配列などを入力とする
- 出力が入力と同じ形状の多次元配列になる
- 要素ごとに決められた演算を行う
- シンプルに記述でき、forを使うより高速に計算できる

　たとえば、和を求めるnp.add()、積を求めるnp.multiply()、最大値を求めるnp.fmax()、最小値を求めるnp.fmin()などがユニバーサル関数です（リスト7.25）。

リスト7.25：いろいろなユニバーサル関数

```
In
print(np.add([2, 1, 4], 2))
print(np.multiply([2, 1, 4], 2))
print(np.fmax([2, 1, 4], 2))
print(np.fmin([2, 1, 4], 2))
```

```
Out
[4 3 6]
[4 2 8]
[2 2 4]
[2 1 2]
```

np.add()は、[2, 1, 4]の各要素に2を加算しています。

np.multiply()は、[2, 1, 4]の各要素に2を乗算しています。

np.fmax()は、[2, 1, 4]の各要素と2の大きい方を求めています。

np.fmin()は、[2, 1, 4]の各要素と2の小さい方を求めています。

これらのユニバーサル関数のaccumulate()メソッドを使うと、累積値を計算できます[6]。

リスト7.26：いろいろな累積値

```
In
print(np.add.accumulate([2, 1, 4]))  # 累積和
print(np.multiply.accumulate([2, 1, 4]))  # 累積積
print(np.fmax.accumulate([2, 1, 4]))  # 累積最大値
print(np.fmin.accumulate([2, 1, 4]))  # 累積最小値
```

```
Out
[2 3 7]
[2 2 8]
[2 2 4]
[2 1 1]
```

累積和は、各要素を順番に加えていきます。[2, 1, 4]の累積和は、[2, 2 + 1, 2 + 1 + 4]から[2, 3, 7]になります（リスト7.26）。累積最大値は該当位置までの最大値なので、単調増加になります。また、累積最小値は該当位置までの最小値なので、単調減少になります。

NumPyのすべてのユニバーサル関数は、関数として使えるいくつかのメソッドを持っています。ここではaccumulate()を紹介しましたが、その他のメソッドについて確認したい場合は、下記を参照してください。

---

[6] 累積和と累積積はnp.cumsum()とnp.cumprod()を使っても計算できます。ここではわかりやすい例として、accumulate()を使っています。

- Universal functions (ufunc) | NumPy 公式ドキュメント
  URL https://numpy.org/doc/stable/reference/ufuncs.html#methods

Memo

NumPy

NumPyについて、より詳しくはPyQの次のコンテンツで学べます。

- ランク「NumPyデータ処理」
  URL https://pyq.jp/quests/#rank-numpy

第8章

文字列を操作しよう

列内の文字列を 置換するには

pandasには、よくある文字列処理を簡潔に記述するための機能が備わっています。本問では特に、列内の文字列を置換する方法を扱います。

説明文

dataset/review.csvに、ある架空の製品のレビューのデータが格納されています。列ratingには商品に対する5段階評価が、列commentにはレビューコメントが記録されています。

リスト8.1のように、user_idをインデックスに指定して変数dfに読み込みます。

リスト8.1：データの準備

```
In
```

```
# データの読み込み
df = pd.read_csv("dataset/review.csv", index_col="user_id")
df
```

| Out |

	rating	comment
user_id		
U101	5	Py-220を購入。他社と比べると1000円ほど高いですが、 その分値段に見合う品質だと思います。
U102	3	2月の寒い時期に買ったけど3か月で壊れた （使用頻度は1日5回くらい）
U103	3	前回PY-110を買って、リピでPY-210を買いました。 タイマー機能が便利です
U104	4	Pyシリーズはずっと使ってるのですが、 使わない時に折りたためるのが〇ですね。あとヘビが可愛い。
U105	5	カラーが選べるので220にしました。 目立ちすぎず部屋に馴染むので気に入っています

問題

下記のように、列commentの半角数字の部分を#で置換してください。な
お1000円などのように半角数字が連続する場合は、####円ではなく#円の
ように、連続する数字がひとまとまりとなるように置換してください。

∴ 期待する結果：（dfの内容）

	rating	comment
user_id		
U101	5	Py-#を購入。他社と比べると#円ほど高いですが、 その分値段に見合う品質だと思います。
U102	3	#月の寒い時期に買ったけど#か月で壊れた （使用頻度は#日#回くらい）
U103	3	前回PY-#を買って、リピでPY-#を買いました。 タイマー機能が便利です
U104	4	Pyシリーズはずっと使ってるのですが、 使わない時に折りたためるのが〇ですね。あとヘビが可愛い。
U105	5	カラーが選べるので#にしました。 目立ちすぎず部屋に馴染むので気に入っています

解答 8.1 列内の文字列を置換するには

リスト8.2：解答

```
In
# 数字を#で置換
df["comment"] = df["comment"].str.replace(r"\d+", "#", regex=True)
```

解説

文字列が格納された列で置換処理をしたい場合は、strアクセサの replace()が便利です（構文8.1）。また、ある文字を他の文字に単純に置換するのではなく、「1回以上数字を繰り返すパターン」を#に置換するという内容なので、正規表現を使います。strアクセサのreplace()では、引数 regexにTrueを指定することで正規表現パターンを使えます[1]。

構文8.1：正規表現を使った文字列の置換

```
# 正規表現パターンにマッチする部分を、「置換後の文字列」で置換する
df[列名].str.replace(
    正規表現パターン , 置換後の文字列 , regex=正規表現を使うか否か
)
```

今回置換したい対象は「1回以上数字を繰り返す並び」といえるので、正規表現パターンには\d+を指定します（\dが数字、+が1回以上）。

---

[1] 引数によってPythonのstr.replace()とre.sub()の両方を行えるメソッドだと考えるとよいでしょう。

補講 str アクセサ

strアクセサとは、文字列が格納されたSeriesやインデックスで使える機能です。strアクセサを介することで、「指定した文字列を置換する」「指定した文字列が含まれているかどうか判定する」といった文字列処理でよくある操作を簡潔に記述できます。表8.1に、よく使われるものをまとめました。

表8.1：strアクセサで使える機能

メソッドなど	説明
str.len()	文字数を数える
str.count(対象文字列)	指定した文字列の出現回数を数える
str.lower()	小文字に変換する
str.upper()	大文字に変換する
str.strip(除去する文字)	指定した文字が先端と終端にある場合除去する
str.replace(置換前の文字列, 置換後の文字列)	指定した文字列を置換する。正規表現も使用可能
str.contains(対象文字列)	指定した文字列が含まれるかどうか判定する
str.match(正規表現のパターン)	正規表現で先頭がマッチするか判定する
str.startswith(対象文字列)	指定した文字列で開始するかどうか判定する
str[インデックス]	指定したインデックスの位置の文字を取得する
str[開始位置:終了位置]	スライス機能。開始位置から終了位置までの範囲の部分文字列を取得する

この他、strアクセサで使える機能については、pandasの公式ドキュメントでSeries.strから始まるメソッドで確認できます[2]。

「strアクセサを使うと文字列処理を簡潔に記述できる」という点を覚えておき、必要に応じて使い方を調べられるようにしましょう。

---

[2] String handling | pandas 公式ドキュメント
　URL https://pandas.pydata.org/docs/reference/series.html#string-handling

列から特定の文字列パターンだけを抽出するには

実務では「郵便番号の部分だけを抽出したい」「書式の揺れを吸収して特定の文字列を抽出したい」など、何らかのパターンに基づいて文字列を抽出したいことがあります。本問では、正規表現を使って列から特定の文字列パターンを抽出する方法を扱います。

説明文

dataset/review.csvに、ある架空の製品のレビューのデータが格納されています。列ratingには商品に対する5段階評価が、列commentにはレビューコメントが記録されています。

リスト8.3のように、user_idをインデックスに指定して変数dfに読み込みます。

リスト8.3：データの準備

| In |

```python
# データの読み込み
df = pd.read_csv("dataset/review.csv", index_col="user_id")
df
```

| Out |

	rating	comment
user_id		
U101	5	Py-220を購入。他社と比べると1000円ほど高いですが、その分値段に見合う品質だと思います。
U102	3	2月の寒い時期に買ったけど3か月で壊れた（使用頻度は1日5回くらい）
U103	3	前回PY-110を買って、リピでPY-210を買いました。タイマー機能が便利です
U104	4	Pyシリーズはずっと使ってるのですが、使わない時に折りたためるのが○ですね。あとヘビが可愛い。
U105	5	カラーが選べるので220にしました。目立ちすぎず部屋に馴染むので気に入っています

この製品では、製品バージョンを**PY-数字3桁**で管理しています。図8.1のように、列commentから製品バージョンに当てはまる部分をすべて抽出して新しいDataFrameを作りたいです。

なお、大文字と小文字の区別は無視するものとします（「Py-220」なども抽出対象とする）。また、インデックスのmatchには、各行から抽出した文字列に0始まりの通し番号をふるものとします。たとえば**U101**の行では、「Py-220」

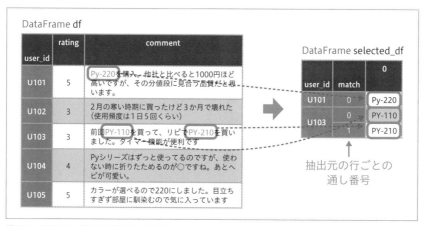

図8.1：各行から「PY-数字3桁」を抽出

が最初にヒットするので match は 0 になります。同様に U103 の行では、「PY-110」が最初にヒットするので 0、次に「PY-210」がヒットするので 1 になります。

問題

　次のルールにしたがって df の各行の列 comment から製品バージョンを抽出し、変数 selected_df に格納してください。

- 列 comment 内の PY-数字3桁 に当てはまる部分を抽出する（PY-110、PY-220など）
- 大文字・小文字の区別は無視する（Py-220なども抽出対象とする）
- 1つの行に当てはまる箇所が複数ある場合は、複数行に分けて取得する
- インデックスは user_id と match のマルチインデックスにし、user_id には元の行のインデックス、インデックスの match には各行から抽出した文字列に 0 始まりの通し番号をふる

:::期待する結果：（selected_df の内容）

user_id	match	0
U101	0	Py-220
U103	0	PY-110
	1	PY-210

列から特定の文字列パターンだけを抽出するには

リスト8.4：解答

```
In
```

```python
import re

# 各コメントから製品バージョン（PY-数字3桁）を抽出
selected_df = df["comment"].str.extractall(
    r"(PY-\d{3})", flags=re.IGNORECASE
)
```

解説

　文字列が格納された列から、特定の文字列パターンをすべて抽出するときは、strアクセサの`extractall()`が便利です。

　`extractall()`では、指定した正規表現パターンに当てはまる部分をすべて抽出します（構文8.2）。また引数`flags`を使って、正規表現パターンのマッチング方法を指定できます。`re.IGNORECASE`（大文字・小文字の区別を無視）や`re.DEBUG`（デバッグ情報の表示）など、reモジュールで使えるフラグを指定可能です。

構文8.2：正規表現を使った文字列の抽出

```
# 正規表現パターンにマッチする箇所を抽出する
df[列名].str.extractall(正規表現パターン, flags=マッチングの設定)
```

　今回の場合は**PY-数字3桁**のパターンに当てはまる部分を抽出したいです。「数字3桁」は`\d{3}`で表せるので、正規表現パターンには`(PY-\d{3})`を指定します。また、大文字・小文字の区別を無視したいため、引数`flags`で`re.IGNORECASE`を指定します。

　`extractall()`の結果はマルチインデックスになり、インデックス`match`

は0始まりの通し番号になります。また、抽出結果の列名は自動的に0になります。

　もし列名を指定したい場合は、exctractall() で指定する正規表現パターン内で名前付きグループ（(?P<グループ名>パターン)）を使うか、extractall() 実行後に rename() を使って列名を変更します。リスト8.5は、extractall() の抽出結果の列名をバージョンにする例です。

リスト8.5：列名を指定して文字列を抽出

```
In
```

```
# 列名を指定する例
# （1）正規表現内で名前付きグループを使う場合
selected_df = df["comment"].str.extractall(
    r"(?P<バージョン>PY-\d{3})", flags=re.IGNORECASE
)
# （2）後から列名変更する場合
selected_df = (
    df["comment"]
    .str.extractall(r"(PY-\d{3})", flags=re.IGNORECASE)
    .rename(columns={0: "バージョン"})
)
```

パターンにマッチする箇所を1行にまとめる場合

　今回の問題では、パターンにマッチする箇所が1行内に複数ある場合は、結果を複数行に分けて取得しました。

　では、次のように「マッチする箇所をリスト形式で取得する」にはどうすればよいでしょうか。なお、結果は列 result として元の DataFrame (df) に追加するとします。

user_id	rating	comment	result
U101	5	Py-220を購入。他社と比べると1000円ほど高いですが、その分値段に見合う品質だと思います。	[Py-220]
U102	3	2月の寒い時期に買ったけど3か月で壊れた（使用頻度は1日5回くらい）	NaN
U103	3	前回PY-110を買って、リピでPY-210を買いました。タイマー機能が便利です	[PY-110, PY-210]
U104	4	Pyシリーズはずっと使ってるのですが、使わない時に折りたためるのが○ですね。あとヘビが可愛い。	NaN
U105	5	カラーが選べるので220にしました。目立ちすぎず部屋に馴染むので気に入っています	NaN

　これは、次の3ステップで実現できます。

1. 各コメントから製品バージョン（PY-数字3桁）を抽出する
2. 抽出結果をリスト形式に変換する
3. ステップ2の結果を元の DataFrame と結合する

　ステップ1は、問題の解答コードと同じです（リスト8.6）。

```
In
```

```
# ステップ1：各コメントから製品バージョン（PY−数字3桁）を抽出
selected_df = df["comment"].str.extractall(
    r"(PY-\d{3})", flags=re.IGNORECASE
)
```

　次に、抽出結果をリスト形式に変換します。この処理をもう少し厳密に表現すると、「抽出結果（selected_df）をuser_idでグループ化して、各グループの列0をリスト化する」処理だといえます。これは「グループごとに集約する」パターンなので、groupby()とagg()を組み合わせることで実現できます。この処理の一連の流れを図解すると、図8.2のようになります。

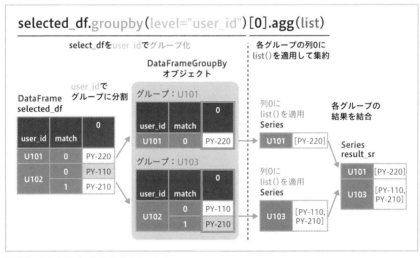

図8.2：リスト形式への集約のイメージ図

　具体的なコードは、リスト8.7のようになります。

リスト8.7：ステップ2：抽出結果をリスト形式に変換する

`| In |`

```
# ステップ2：抽出結果をリスト形式に変換する
# インデックスのuser_idでグループ化 → 各グループの列0にlist()を適用する
result_sr = selected_df.groupby(level="user_id")[0].agg(list)
result_sr
```

`| Out |`

```
user_id
U101              [Py-220]
U103      [PY-110, PY-210]
Name: 0, dtype: object
```

集約とは、グループごとにデータ全体を要約するような計算のことを指します。よく使われる集約処理には平均値や中央値がありますが、今回のように「列（Series）のすべての要素をリスト形式にまとめる」ようなケースも「データ全体を1つの要素に収まる形にしている」という点では集約処理に当てはまります。そのため、agg()を利用できます。一般的な集約のイメージからは少し外れるかもしれませんが、データの形状を変える上で便利なテクニックなので、覚えておくとよいでしょう。

最後に、リスト形式に変換した結果（result_sr）を元のDataFrameに新しい列として追加します。インデックスdf[列名] = Seriesとすると、インデックスを基準にして列を追加できます（リスト8.8）。

リスト8.8：ステップ3：ステップ2の結果を元のDataFrameと結合する

`| In |`

```
# ステップ3：リスト形式に変換した結果を新しい列として追加
df["result"] = result_sr
```

特定の文字列を含んでいる行を除くには

実務では、特定の文字列を含む行だけを抽出して確認したいことがよくあります。また、大文字と小文字の区別の有無や、正規表現の使用有無など、状況によって判定方法はさまざまです。本問では、指定した文字列が含まれるかどうか判定する方法を扱います。

説明文

　dataset/review.csvに、ある架空の製品のレビューのデータが格納されています。列ratingには商品に対する5段階評価が、列commentにはレビューコメントが記録されています。

　リスト8.9のように、user_idをインデックスに指定して変数dfに読み込みます。

リスト8.9：データの準備

```
In
```

```python
# データの読み込み
df = pd.read_csv("dataset/review.csv", index_col="user_id")
df
```

| Out |

user_id	rating	comment
U101	5	Py-220を購入。他社と比べると1000円ほど高いですが、 その分値段に見合う品質だと思います。
U102	3	2月の寒い時期に買ったけど3か月で壊れた (使用頻度は1日5回くらい)
U103	3	前回PY-110を買って、リピでPY-210を買いました。 タイマー機能が便利です
U104	4	Pyシリーズはずっと使ってるのですが、 使わない時に折りたためるのが○ですね。あとヘビが可愛い。
U105	5	カラーが選べるので220にしました。 目立ちすぎず部屋に馴染むので気に入っています

問題

列 comment に "PY" を含まない行を df から抽出し、変数 selected_df に格納してください。なお、大文字・小文字の区別はつけないでください。

期待する結果:(selected_df の内容)

user_id	rating	comment
U102	3	2月の寒い時期に買ったけど3か月で壊れた (使用頻度は1日5回くらい)
U105	5	カラーが選べるので220にしました。 目立ちすぎず部屋に馴染むので気に入っています

特定の文字列を含んでいる行を除くには

リスト8.10：解答

```
In
```

```python
# 列commentに「PY」を含まない行を抽出（大文字・小文字の区別なし）
selected_df = df[~df["comment"].str.contains("PY", case=False)]
```

解説

　今回やりたいことは「特定の文字列を含まない行を抽出する」という処理です。そのため、「特定の文字列を含む」という条件を否定して行を抽出すれば実現できます。

　まずは前段階として、列commentの各要素が"PY"という文字列を含むか判定してみましょう。strアクセサのcontains()を使うと、指定した文字列を含むか判定した結果（ブール値）が格納されたSeriesを得られます。また、引数caseで大文字・小文字を区別するかどうかを、引数regexで正規表現パターンを使うかどうかを指定可能です（構文8.3）。

構文8.3：指定した文字列を含むかどうかの判定

```python
# 指定した文字列を含むかどうかをTrue/Falseで返す
df[列名].str.contains(
    文字列,
    case=大文字・小文字を区別するかどうか,
    regex=正規表現パターンを使うかどうか,
)
```

　引数caseはデフォルトでは区別する（True）ですが、今回は大文字・小文字を区別せずに判定したいので、Falseを指定します（リスト8.11）。

　引数regexは、デフォルトでは正規表現パターンを使う（True）設定になっています。今回指定する「PY」は、通常の文字列として解釈しても正規表現パターンとして解釈しても同じ意味なので、引数regexの値に関わらず同じ結果になります。

リスト8.11：指定した文字列を含むかどうかの判定

```
In
# 列commentの各要素が「PY」を含むかどうかを判定
df["comment"].str.contains("PY", case=False)
```

```
Out
user_id
U101     True
U102     False
U103     True
U104     True
U105     False
Name: comment, dtype: bool
```

　ユーザーU101とU104のコメントにはPy、ユーザーU103のコメントにはPYが含まれているため、結果がTrueになっています。

　今回は「PYを含まない行」を抽出したいので、上記の条件を否定（~）を使って否定すると、判定結果を反転できます（リスト8.12）。

リスト8.12：指定した文字列を含まないかどうかの判定

```
In
# 列commentの各要素が「PY」を含まないかどうかを判定
~df["comment"].str.contains("PY", case=False)
```

```
user_id
U101    False
U102     True
U103    False
U104    False
U105     True
Name: comment, dtype: bool
```

True／Falseが反転し、PYを含まないユーザーU102、U105がTrueになりました。

df[ブール値が格納されたSeries]のように書くと、Trueが格納された行だけを抽出できます（ブールインデックス）。最終的にはリスト8.13のコードで実現できます。

リスト8.13：行の抽出

In

```
# 列commentに「PY」を含まない行を抽出（大文字・小文字の区別なし）
selected_df = df[~df["comment"].str.contains("PY", case=False)]
```

別解 8.3　特定の文字列を含んでいる行を除くには

リスト8.14：別解

```
In
```

```python
import re

# 列commentに「PY」を含まない行を抽出（大文字・小文字の区別なし）
selected_df = df[
    ~df["comment"].str.contains("PY", flags=re.IGNORECASE)
]
```

　引数 flags では、正規表現パターンのマッチング方法を指定できます。
re.IGNORECASE（大文字・小文字の区別を無視）や re.DEBUG（デバッグ
情報の表示）など、re モジュールで使えるフラグを指定可能です。そのため正
規表現パターンを使う場合は、引数 case を使う代わりに引数 flags で re.
IGNORECASE を指定しても大文字・小文字の区別を無視できます。

補講 指定する文字列の注意

　解答8.3の解説で述べたように、引数 regex はデフォルトでは True（指定した文字列を正規表現パターンとして解釈する）です。そのため、指定したい文字列が (や＊、．など、正規表現で特別な意味を持つ文字を含む場合は注意が必要です。

　たとえば、リスト8.15のようなデータについて考えてみましょう。列 price には製品の価格が文字列で格納されていますが、単位の表記に揺れがあります。

リスト8.15：データの準備

```
In
```

```python
# 製品の価格が格納されたデータ
df = pd.DataFrame(
    [["製品A", "$100"], ["製品B", "¥1280"], ["製品C", "245円"]],
    columns=["name", "price"],
)
df
```

```
Out
```

	name	price
0	製品A	$100
1	製品B	¥1280
2	製品C	245円

　列 price に $ を含む行だけを抽出したい場合、どのように書けばよいでしょうか？

　リスト8.16のように引数 regex が未指定のままだと、意図通りの結果になりません。これは、$ が正規表現パターンの「文字列の末尾」として解釈され、

すべての行が該当してしまうからです。

リスト8.16：期待通りに抽出できないコード

```
In
# 引数 regex が未指定＝デフォルト値なので、「$」は正規表現パターンとして解釈される
df["price"].str.contains("$")
```

```
Out
0    True
1    True
2    True
Name: price, dtype: bool
```

　そのため、このようなケースでは明示的に引数 regex を False（正規表現パターンを使用しない）に指定する必要があります。リスト8.17のコードを実行すると、期待通り1行目だけがマッチします。

リスト8.17：期待通りに抽出できるコード

```
In
# 「$」は文字列として解釈される
df["price"].str.contains("$", regex=False)
```

```
Out
0    True
1    False
2    False
Name: price, dtype: bool
```

問題 8.4 どちらかの文字列を含む行を除くには

実務では、特定の文字列を含む行だけを抽出して確認したいことがよくあります。この文字列が複数になった場合、条件式と論理演算子を組み合わせる方法で記述するとコードが長くなってしまいます。本問では、複数の文字列が絡む判定処理を簡潔に記述する方法を扱います。

説明文

dataset/review.csv に、ある架空の製品のレビューのデータが格納されています。列 rating には商品に対する5段階評価が、列 comment にはレビューコメントが記録されています。

リスト8.18のように、user_id をインデックスに指定して変数 df に読み込みます。

リスト8.18：データの準備

```
In
```

```
# データの読み込み
df = pd.read_csv("dataset/review.csv", index_col="user_id")
df
```

| Out | | |

user_id	rating	comment
U101	5	Py-220を購入。他社と比べると1000円ほど高いですが、その分値段に見合う品質だと思います。
U102	3	2月の寒い時期に買ったけど3か月で壊れた（使用頻度は1日5回くらい）
U103	3	前回PY-110を買って、リピでPY-210を買いました。タイマー機能が便利です
U104	4	Pyシリーズはずっと使ってるのですが、使わない時に折りたためるのが○ですね。あとヘビが可愛い。
U105	5	カラーが選べるので220にしました。目立ちすぎず部屋に馴染むので気に入っています

問題

列 comment に "110"、"220"、あるいはその両方を含まない行を df から抽出して、変数 selected_df に格納してください。

∴ 期待する結果：（selected_df の内容）

user_id	rating	comment
U102	3	2月の寒い時期に買ったけど3か月で壊れた（使用頻度は1日5回くらい）
U104	4	Pyシリーズはずっと使ってるのですが、使わない時に折りたためるのが○ですね。あとヘビが可愛い。

解答 8.4 どちらかの文字列を含む行を除くには

リスト8.19：解答

```
In
# 列commentに「110」も「220」も含まない行を抽出
selected_df = df[~df["comment"].str.contains("110|220")]
```

解説

　問題文の「"110"、"220"、あるいはその両方を含まない」という条件は、整理すると「『"110"を含まない』かつ『"220"を含まない』」という条件です。これはいい換えると「『"110"または"220"を含む行』ではない」になります。

　そのため、今回は次のステップでコードを記述します。

1. 「"110"または"220"を含むかどうか」を判定する（contains()）
2. ステップ1を否定した結果を使って、行を抽出する（~）

　順に見ていきましょう。

　特定の文字列を含むかどうかは、strアクセサのcontains()で判定できます（問題8.3「特定の文字列を含んでいる行を除くには」参照）。contains()では、通常の文字列以外に正規表現も使えます。正規表現で「または」は | で表せるので、"110|220"で「110または220の文字列」を表現できます。そのため、リスト8.20のコードで「"110"または"220"を含む行」を抽出できます。

リスト8.20： | （または）を使ったOR条件

```
In
# 列commentに「110」または「220」を含む行
df[df["comment"].str.contains("110|220")]
```

Out		
user_id	rating	comment
U101	5	Py-220を購入。他社と比べると1000円ほど高いですが、その分値段に見合う品質だと思います。
U103	3	前回PY-110を買って、リピでPY-210を買いました。タイマー機能が便利です
U105	5	カラーが選べるので220にしました。目立ちすぎず部屋に馴染むので気に入っています

　今回は「"110"、"220"、あるいはその両方を含まない行」を抽出したいので、上記の条件を否定（～）と組み合わせます（リスト8.21）。

リスト8.21：～（否定）を使ったNOT条件

| In |

```
# 列commentに「110」、「220」、あるいはその両方を含まない行
df[~df["comment"].str.contains("110|220")]
```

　正規表現を使わずに、次のように書くことも可能です（リスト8.22）。ただ少し冗長なので、今回のように複数の文字列について判定する場合は、正規表現の | で簡潔に書けることを覚えておくとよいでしょう。

リスト8.22：正規表現を使わない書き方

| In |

```
# 書き方1：「"110"を含まない」かつ「"220"を含まない」行を抽出
not_contains_110 = ~df["comment"].str.contains("110")
not_contains_220 = ~df["comment"].str.contains("220")
selected_df = df[not_contains_110 & not_contains_220]

# 書き方2：「"110"または"220"を含む行」ではない行を抽出
contains_110 = df["comment"].str.contains("110")
contains_220 = df["comment"].str.contains("220")
selected_df = df[~(contains_110 | contains_220)]
```

正規表現にマッチする行を抽出するには

実務で扱う文字列データでは、書式が統一されていないことがよくあります。このようなとき、まずはどの程度の量のデータが期待する書式に合致しているか把握する必要があります。本問では、文字列が指定した正規表現パターンに合致するかどうかを判定する方法を扱います。

説明文

dataset/room.csvに、ある架空のアパートの部屋情報が格納されています。列roomには、アパートの棟・階・部屋番号の情報が格納されていますが、その書式は統一されていません（リスト8.23）。

リスト8.23：データの準備

```
In
```

```
# データの読み込み
df = pd.read_csv("dataset/room.csv")
df
```

```
Out
```

	name	room
0	佐藤	2号棟2F209
1	田中	1棟2階202号室
2	高橋	1号棟103
3	鈴木	2号棟1階102号室
4	伊藤	部屋:1号棟1階111号室
5	林	1号棟2階203号室（昼は在宅していません）

問題

　列roomの書式が次のルールに一致する行をdfから抽出して、変数selected_dfに格納してください。

- {数字1桁}号棟{数字1桁}階{数字3桁}号室
- 先頭と末尾に、余計な文字列はつかない

期待する結果：（selected_dfの内容）

	name	room
3	鈴木	2号棟1階102号室

正規表現にマッチする行を抽出するには

リスト8.24：解答

```
In
```

```python
# 正規表現にマッチする行を抽出
selected_df = df[df["room"].str.match(r"\d号棟\d階\d{3}号室$")]
```

解説

　特定の文字列パターンにあてはまる行を抽出したいときは、strアクセサの**match()** が便利です。**match()** は、各行の文字列の先頭部分が正規表現にマッチしているかどうかを判定します（構文8.4）。

構文8.4：文字列の先頭部分が正規表現パターンにマッチしているかどうか判定

```python
# 文字列の先頭が、正規表現のパターンにマッチしているか判定
df[列名].str.match( 正規表現パターン )
```

　今回抽出したいのは、「{ 数字1桁 } 号棟 { 数字1桁 } 階 { 数字3桁 } 号室」というパターンです。正規表現では、数字は\d、直前の文字の繰り返しは **{ 繰り返す回数 }** なので、**r"\d号棟\d階\d{3}号室"** で表せます。また、先頭と末尾には余計な文字列はつかないで欲しいので、末尾を表す**$**をパターンの最後につける必要があります。**$**をつけない場合、リスト8.25のように**号室**の後に余計な文字列が続くケースもヒットしてしまいます。

リスト8.25：期待通りに抽出されないコード

```
In
```

```python
# 末尾に$がない場合、余計な文字列があるケースもヒットしてしまう
df[df["room"].str.match(r"\d号棟\d階\d{3}号室")]
```

| Out |

	name	room
3	鈴木	2号棟1階102号室
5	林	1号棟2階203号室（昼は在宅していません）

str.match()と str.contains()の違い

str.match()は、文字列の先頭が指定した正規表現にマッチするどうか を判定します。これは、Python標準ライブラリーのreモジュールにある match()と同様の挙動です。

これに対しstr.contains()は、文字列の中に指定した正規表現にマッ チする部分があるかどうかを判定します。これは、reモジュールにある search()と同様の挙動です。

具体的な例として、解答で使ったパターンr"\d号棟\d階\d{3}号室$" をcontains()で使ってみましょう（リスト8.26）。

リスト8.26：文字列内に指定した正規表現にマッチする部分があるかどうか判定

```
In
# contains()を使う場合、文字列のどこかにマッチすればTrueになる
df[df["room"].str.contains(r"\d号棟\d階\d{3}号室$")]
```

```
Out
```

	name	room
3	鈴木	2号棟1階102号室
4	伊藤	部屋:1号棟1階111号室

match()では抽出されなかった**部屋:1号棟1階111号室**のデータが抽出 されていることがわかります。これは、**1号棟1階111号室**の部分がパターン にマッチしたからです。

文字列を分割して
ダミー変数にするには

アンケートの選択項目など文字列で記録されたカテゴリーデータを扱う際に、カテゴリーデータを0または1に変換することで集計しやすくなる場合があります。これをダミー変数化といいます。本問では、文字列を分割してダミー変数化する方法を扱います。

説明文

dataset/enquete.tsvに、ある架空の製品のアンケート結果が格納されています。列deciding_factorには購入の決め手となった項目が記録されており、複数の項目を回答した場合はカンマ（,）で区切られています（リスト8.27）。

リスト8.27：データの準備

| In |

```
# データの読み込み
df = pd.read_table("dataset/enquete.tsv")
df
```

| Out |

	user_id	deciding_factor
0	S001	価格,機能
1	S002	価格,デザイン,その他
2	S003	機能,安全性
3	S004	その他
4	S005	価格,デザイン,機能

このままだと集計がしづらいので、図8.3のように各項目に対応する新しい列を追加したいです。新しい列では、列名と同じ項目が列deciding_factorに含まれていれば1、含まれていなければ0になるように変換されています。このような、カテゴリーデータを0または1に変換したものをダミー変数といいます。また、ダミー変数に変換することをダミー変数化といいます。

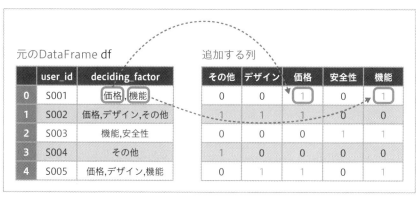

図8.3：ダミー変数化のイメージ

問題

次のように、列deciding_factorをダミー変数化した列をdfに追加してください。

⋮⋮ 期待する結果：（dfの内容）

	user_id	deciding_factor	その他	デザイン	価格	安全性	機能
0	S001	価格,機能	0	0	1	0	1
1	S002	価格,デザイン,その他	1	1	1	0	0
2	S003	機能,安全性	0	0	0	1	1
3	S004	その他	1	0	0	0	0
4	S005	価格,デザイン,機能	0	1	1	0	1

文字列を分割して
ダミー変数にするには

リスト8.28：解答

| In |

```
# 列deciding_factor内の文字列をカンマ（,）で分割して、ダミー変数化
dummied_df = df["deciding_factor"].str.get_dummies(sep=",")
# 結果をマージ
df = df.join(dummied_df)
```

解説

　今回の問題でやりたいことは、列deciding_factor内の項目の有無に応じて値を0または1に変換するというダミー変数化の処理です。

　strアクセサのget_dummies()を使うと、指定した区切り文字で文字列を分割して、項目ごとに値が0または1の列を作成できます。区切り文字は、引数sepで指定します（構文8.5）。

構文8.5：ダミー変数化

```
# 指定した列内の文字列を区切り文字で分割して、ダミー変数化
df[列名].str.get_dummies(sep=区切り文字)
```

　今回はカンマ（,）で区切りたいので、リスト8.29のように記述します。

リスト8.29：ダミー変数化

| In |

```
# 列deciding_factor内の文字列をカンマ（,）で分割して、ダミー変数化
dummied_df = df["deciding_factor"].str.get_dummies(sep=",")
dummied_df
```

	その他	デザイン	価格	安全性	機能
0	0	0	1	0	1
1	1	1	1	0	0
2	0	0	0	1	1
3	1	0	0	0	0
4	0	1	1	0	1

今回の問題では元の df に列を追加したいので、join() を使って結合します（リスト8.30）。join() を使うと、インデックスをキーにして結合できます。

リスト8.30：元のDataFrameと結合

In

```
# 結果をマージ
df = df.join(dummied_df)
```

なお、今回のケースではインデックスをキーにして結合するため、join() の代わりに次のように df[列名のリスト] = 追加するDataFrame と書いても同じ結果になります（リスト8.31）。

リスト8.31：別解

In

```
# 別解: 新しい列として追加
df[dummied_df.columns] = dummied_df
```

補講 strアクセサのget_dummies()とpd.get_dummies()の違い

　今回のケースでは列deciding_factor内に複数の回答が含まれていたため、strアクセサのget_dummies()を使ってダミー変数に変換しました。複数回答ではなくカテゴリーが1つだけの場合は、pd.get_dummies()も使用できます。

　たとえば、リスト8.32のようなデータについて考えてみましょう。dataset/enquete_single_answer.tsvには、ある架空の製品のアンケート結果が格納されています。列deciding_factorには、購入の決め手となった項目が1つだけ記録されています。

リスト8.32：データの準備

| In |

```
# データの読み込み（単一回答形式）
df = pd.read_table("dataset/enquete_single_answer.tsv")
df
```

| Out |

	user_id	deciding_factor
0	S001	価格
1	S002	デザイン
2	S003	安全性
3	S004	その他
4	S005	機能

　pd.get_dummies()は、リスト8.33のようにダミー変数に変換するデータを引数で指定して使います。

```
In
```

```
# 指定したSeriesをダミー変数に変換
pd.get_dummies(df["deciding_factor"])
```

```
Out
```

	その他	デザイン	価格	安全性	機能
0	0	0	1	0	0
1	0	1	0	0	0
2	0	0	0	1	0
3	1	0	0	0	0
4	0	0	0	0	1

　pd.get_dummies()は、strアクセサのget_dummies()とは違って複数項目の分割はできません。一方で、strアクセサのget_dummies()では文字列が格納された列でしか使えないのに対し、pd.get_dummies()は元のデータが文字列以外でも扱えます。

　たとえば、アンケート項目の回答がリスト8.34のような数値で表現されているデータについて考えてみましょう。dataset/enquete_single_answer_with_number.tsvには、ある架空の製品のアンケート結果が格納されています。列deciding_factorには、購入の決め手となった項目が1つだけ、文字列ではなく数値で記録されています。

リスト8.34：データの準備

```
In
```

```
# データの読み込み（単一回答）
# 0. その他 1. 価格 2. デザイン 3. 安全性 4. 機能
df = pd.read_table("dataset/enquete_single_answer_with_number.tsv")
df
```

Out

	user_id	deciding_factor
0	S001	1
1	S002	2
2	S003	3
3	S004	0
4	S005	4

　pd.get_dummies()の場合、リスト8.35のように数値データでもダミー変数化が可能です。

リスト8.35：数値データをダミー変数化

In

```python
# 指定したSeriesをダミー変数に変換
pd.get_dummies(df["deciding_factor"])
```

Out

	0	1	2	3	4
0	0	1	0	0	0
1	0	0	1	0	0
2	0	0	0	1	0
3	1	0	0	0	0
4	0	0	0	0	1

　strアクセサのget_dummies()とpd.get_dummies()の違いをまとめると、次のようになります。

- str.get_dummies()：文字列データだけで使える。区切り文字を指定した分割が可能
- pd.get_dummies()：文字列以外のデータでも使える。区切り文字を指定した分割は不可

　名前が同じなので間違えやすいですが、状況に応じて、strアクセサの`get_dummies()`と`pd.get_dummies()`のどちらを使うか判断できるようになりましょう。

第 **9** 章

日付時刻型のデータを
操作しよう

問題 9.1　文字列を日付時刻に変換するには

日時データを扱う上でのはじめの一歩は、"2022-01-01 01:00:00"のような文字列を日付時刻型として扱えるように変換することです。本問では、不統一な書式で日時が記録されたCSVファイルを、日付時刻型のデータに変換する方法を扱います。

説明文

dataset/study_log_dirty.csv に、生徒（user_name）と教科（subject）ごとの学習時間のデータが入っています（リスト9.1）。列 start_at には学習開始日時が、列 end_at には学習終了日時が記録されています。列 start_at と列 end_at は、行によって日付のフォーマットが異なります。

リスト9.1：データの準備

In

```
# データの読み込み
df = pd.read_csv("dataset/study_log_dirty.csv")
df
```

Out

	id	user_name	subject	start_at	end_at
0	1	Alice	数学	2021/12/31 13:01	2021/12/31 13:31
1	2	Alice	情報	2021-12-31 13:50:08	2021-12-31 14:28:10
2	3	Bob	国語	20211231 232230	20211231 234221

pd.read_csv()で読み込んだだけでは、列start_atと列end_atは
文字列型のままです。リスト9.2のように型を確認すると、objectと表示さ
れます。

リスト9.2：型の確認

| In |

```
df.dtypes
```

| Out |

```
id               int64
user_name       object
subject         object
start_at        object
end_at          object
dtype: object
```

問題

dfの列start_atと列end_atが日付時刻型になるようにコードを記述
してください。

⠿ 期待する結果：（dfの内容）

	id	user_name	subject	start_at	end_at
0	1	Alice	数学	2021-12-31 13:01:00	2021-12-31 13:31:00
1	2	Alice	情報	2021-12-31 13:50:08	2021-12-31 14:28:10
2	3	Bob	国語	2021-12-31 23:22:30	2021-12-31 23:42:21

文字列を日付時刻に変換するには

リスト9.3：解答

```
In
```

```
# 列start_atと列end_atを日付時刻型として読み込み
df = pd.read_csv(
    "dataset/study_log_dirty.csv",
    parse_dates=["start_at", "end_at"],
)
```

解説

pd.read_csv()関数の引数parse_datesに日付時刻型として読み込みたい列名を指定すると、指定した列が日付時刻型で読み込まれます（構文9.1）。

構文9.1：データを日付時刻型として読み込み

```
# 指定した列を日付時刻型として読み込み
df = pd.read_csv(ファイル名, parse_dates=列名のリスト)
```

日付時刻のフォーマットが統一されていなくても、変換可能なフォーマットであればすべて一括で変換されます。たとえば、3行目の列start_atの20211231 232230は、「2021年12月31日23時22分30秒」と解釈されます。

実際に変換後の型を確認すると、datetime64になっていることがわかります。これは、Pythonのdatetimeモジュールのdatetimeではなく、NumPyの日付時刻型です（リスト9.4）。

リスト9.4：型の確認

| In |

```
df.dtypes   # 型の確認
```

| Out |

```
id                        int64
user_name                object
subject                  object
start_at        datetime64[ns]
end_at          datetime64[ns]
dtype: object
```

文字列を日付時刻に
変換するには

リスト9.5：別解

```
In
# データの読み込み
df = pd.read_csv("dataset/study_log_dirty.csv")
# 読み込み後に日付時刻型に変換
df["start_at"] = pd.to_datetime(df["start_at"])
df["end_at"] = pd.to_datetime(df["end_at"])
```

　データを読み込んだ後に日付時刻型に変換したい場合は、pd.to_date time()関数を使います。引数には、変換したいデータを指定します（リスト 9.5）。

補講　変換できないフォーマット

変換できないフォーマットのデータが含まれている場合、引数parse_dates を指定して pd.read_csv() 関数を呼んでも日付時刻型には変換されません。

たとえば、表9.1の study_log_dirty_cannot_convert.csv には、1行目に変換できないフォーマットでデータが記録されています。

表9.1：study_log_dirty_cannot_convert.csv

	id	user_name	subject	start_at	end_at
0	1	Alice	数学	2021年12月31日13時01分	2021年12月31日13時31分
1	2	Alice	情報	2021-12-31 13:50:08	2021-12-31 14:28:10
2	3	Bob	国語	20211231 232230	20211231 234221

引数 parse_dates を指定してこのCSVファイルを読み込んでみましょう。型を確認すると、日付時刻型ではなく object のままであることが確認できます（リスト9.6）。

リスト9.6：日付時刻型に変換できないケース

```
In
```

```python
# 変換できないフォーマットを含むデータを読み込み
df = pd.read_csv(
    "dataset/study_log_dirty_cannot_convert.csv",
    parse_dates=["start_at", "end_at"]
)
df.dtypes  # 型の確認
```

```
Out
id                int64
user_name        object
subject          object
start_at         object
end_at           object
dtype: object
```

　また、`pd.to_datetime()`を使って変換しようとすると例外（Parser Error）が発生します（リスト9.7）[1]。

リスト9.7：エラーが発生するケース

```
In
df = pd.read_csv("dataset/study_log_dirty_cannot_convert.csv")
df["start_at"] = pd.to_datetime(df["start_at"])
```

```
Out
（略）
ParserError: Unknown string format: 2021年12月31日 13時01分 ➡
present at position 0
```

　このような場合は、自分で変換用の関数を定義して`apply()`で適用しましょう。リスト9.8のコードでは、複数の日付書式を順番に試して変換する関数`convert()`を定義し、`apply()`で適用しています。

---

[1] 引数`errors`を使うと、変換できないフォーマットがあった場合の挙動を指定できます。デフォルト値の`"raise"`では`ParseError`を発生させますが、`"coerce"`では欠損値（NaT）に変換、`"ignore"`では無視して元の値のままにします。

リスト9.8：変換用の関数を定義してapply()で適用

| In |

```python
import datetime


def convert(x):
    # 期待する書式のリスト
    format_list = [
        "%Y年%m月%d日 %H時%M分",
        "%Y-%m-%d %H:%M:%S",
        "%Y%m%d %H%M%S",
    ]
    # 期待する書式に当てはまれば変換する
    for f in format_list:
        try:
            return datetime.datetime.strptime(x, f)
        except ValueError:
            continue
    # どの書式にも当てはまらなかったら例外を発生させる
    raise ValueError(f"「{x}」は期待する書式ではありません。")



# 自分で定義した関数を使って変換
df["start_at"] = df["start_at"].apply(convert)
```

　なお、すべての行で日付時刻のフォーマットが統一されている場合は、`pd.to_datetime()`関数の引数`format`でフォーマットを指定しても変換できます（リスト9.9）。

リスト9.9：pd.to_datetime()の引数formatで指定

`In`

```
# 1行目だけを抽出して、フォーマットを指定して変換
pd.to_datetime(
    df.loc[:0, "start_at"], format="%Y年%m月%d日 %H時%M分"
)
```

`Out`

```
0    2021-12-31 13:01:00
Name: start_at, dtype: datetime64[ns]
```

　その他、**pd.read_csv()**関数や**pd.to_datetime()**関数にはさまざまなオプションが用意されています。pandasの公式ドキュメントで詳細を確認できるので、扱いたいデータの状況に応じて、簡単に変換できる方法がないか探してみましょう[2][3]。

---

[2] pd.read_csv() | pandas公式ドキュメント
　　URL https://pandas.pydata.org/docs/reference/api/pandas.read_csv.html
[3] pd.to_datetime() | pandas公式ドキュメント
　　URL https://pandas.pydata.org/docs/reference/api/pandas.to_datetime.html

日付や曜日の情報を抽出するには

実務では、日付時刻型のデータから日付と時刻を別々に抽出したり、曜日や四半期の情報を取得したりしたいことがよくあります。本問では、日付時刻型のデータからこれらの情報を抽出する方法を扱います。

説明文

dataset/study_log_jst.csvに、生徒（user_name）と教科（subject）ごとの学習時間のデータが入っています（リスト9.10）。列start_atには学習開始日時が、列end_atには学習終了日時が日本時間で記録されています。

リスト9.10：データの準備

```
In
```

```
# データの読み込み
df = pd.read_csv(
    "dataset/study_log_jst.csv", parse_dates=["start_at", "end_at"]
)
df
```

```
Out
```

	id	user_name	subject	start_at	end_at
0	1	Alice	数学	2021-12-31 13:01:07.915455+09:00	2021-12-31 13:31:10.568577+09:00
1	2	Alice	情報	2021-12-31 13:50:08.226816+09:00	2021-12-31 14:28:10.369856+09:00
2	3	Bob	国語	2021-12-31 23:22:30.684974+09:00	2021-12-31 23:42:21.650810+09:00
3	4	Bob	国語	2022-01-01 00:10:30.751069+09:00	2022-01-01 00:20:44.851817+09:00

	id	user_name	subject	start_at	end_at
4	5	Caroll	理科	2022-01-01 15:23:11.148775+09:00	2022-01-01 17:11:05.693765+09:00
5	6	Caroll	社会	2022-01-01 17:15:31.139724+09:00	2022-01-01 18:11:23.814643+09:00
6	7	Caroll	社会	2022-01-01 21:32:44.356243+09:00	2022-01-01 22:45:06.194202+09:00
7	8	Alice	国語	2022-01-02 19:22:42.668155+09:00	2022-01-02 19:58:44.191690+09:00

問題

下記のように、列 start_at から日付の情報を抽出した列 start_date、曜日の情報を日本語で抽出した列 start_weekday を df に追加してください。

⟁ 期待する結果:（df の内容）

	id	user_name	subject	start_at	end_at
0	1	Alice	数学	2021-12-31 13:01:07.915455+09:00	2021-12-31 13:31:10.568577+09:00
1	2	Alice	情報	2021-12-31 13:50:08.226816+09:00	2021-12-31 14:28:10.369856+09:00
...	...	...	...	...	...
6	7	Caroll	社会	2022-01-01 21:32:44.356243+09:00	2022-01-01 22:45:06.194202+09:00
7	8	Alice	国語	2022-01-02 19:22:42.668155+09:00	2022-01-02 19:58:44.191690+09:00

start_date	start_weekday
2021-12-31	金曜日
2021-12-31	金曜日
...	...
2022-01-01	土曜日
2022-01-02	日曜日

日付時刻型のデータを操作しよう

<table>
<tr><td>解答
9.2</td><td>日付や曜日の情報を
抽出するには</td></tr>
</table>

リスト9.11：解答

| In |

```
# 日付を抽出した列を追加
df["start_date"] = df["start_at"].dt.date
# 曜日を抽出した列を追加
df["start_weekday"] = df["start_at"].dt.day_name("ja_JP")
```

解説

dtアクセサを使うと、日時や期間などの値が入ったSeriesから情報を簡潔に取得できます。

日付は、dtアクセサの**date**で取得できます。

曜日は、dtアクセサの**day_name()**または**weekday**で取得できます。**day_name()**は引数で指定したロケール[4]の曜日の名前を取得するのに対し、**weekday**は0～6の曜日を示す番号を取得します（月曜日は**0**、日曜日は**6**）。今回の場合、**月曜日**、**火曜日**、……などの日本語名で曜日を取得したいため、**day_name()**で**ja_JP**を指定します。

---

[4] ロケールとは、言語や地域ごとの書式（日時や通貨など）の設定のことです。

補講 dtアクセサ

dtアクセサとは、日時や期間などの値が入ったSeriesで使える機能です。`df[列名].dt.~`のように書くことで、年・月・日や時刻、曜日などの情報を取得できます。標準ライブラリーのdatetimeモジュールとpandasの`apply()`を組み合わせても同様のことが可能ですが、dtアクセサを使うとより簡潔に記述できます。表9.2に、よく使われるものをまとめました。

表9.2：dtアクセサで使える機能

プロパティー/メソッド	説明	例
`dt.time`	時刻	`01:01:01.111111`
`dt.timetz`	タイムゾーン情報付きの時刻	`01:01:01.111111+09:00`
`dt.year`	年。同様に`month`（月）、`day`（日）、`hour`（時）、`minute`（分）、`second`（秒）が使える	2021/12/31の場合2021
`dt.month_name(ロケール)`	指定したロケールの月の名前。デフォルトでは英語	`month_name("ja_JP")`で1月など
`dt.day_name(ロケール)`	指定したロケールの曜日の名前。デフォルトでは英語	`day_name("ja_JP")`で月曜日など
`dt.weekday`	0～6の曜日を示す番号	月曜日は0、日曜日は6
`dt.dayofyear`	1年を通した日付の番号	1/1は1、12/31は365（閏年の場合は366）
`dt.quarter`	四半期を示す番号	1/1～3/31は1、10/1～12/31は4
`dt.is_month_start`	月の開始日かどうか。同様に`is_year_start`（年の開始日）、`is_quarter_start`（四半期の開始日）が使える	1/1はTrue、1/2はFalse
`dt.is_month_end`	月の最終日かどうか。同様に`is_year_end`（年の最終日）、`is_quarter_end`（四半期の最終日）が使える	12/31はTrue、12/30はFalse

　列 start_at にそれぞれ適用して、結果を確認してみましょう（リスト 9.12）。

リスト9.12：dtアクセサによる情報の取得

```
In

# 時刻
df["time"] = df["start_at"].dt.time
# タイムゾーン情報付きの時刻
df["timetz"] = df["start_at"].dt.timetz
# 年
df["year"] = df["start_at"].dt.year
# 月の名前（日本語を指定）
df["month_name"] = df["start_at"].dt.month_name("ja_JP")
# 曜日の名前（日本語を指定）
df["day_name"] = df["start_at"].dt.day_name("ja_JP")
# 曜日の番号
df["weekday"] = df["start_at"].dt.weekday
# 日付の番号
df["dayofyear"] = df["start_at"].dt.dayofyear
# 四半期
df["quarter"] = df["start_at"].dt.quarter
# 月の開始日かどうか
df["is_month_start"] = df["start_at"].dt.is_month_start
# 月の最終日かどうか
df["is_month_end"] = df["start_at"].dt.is_month_end

df[
    [
        "start_at",
        "time",
        "timetz",
        "year",
```

```
        "month_name",
        "day_name",
        "weekday",
        "dayofyear",
        "quarter",
        "is_month_start",
        "is_month_end",
    ]
]
```

| Out |

	start_at	time	timetz	year
0	2021-12-31 13:01:07.915455+09:00	13:01:07.915455	13:01:07.915455+09:00	2021
1	2021-12-31 13:50:08.226816+09:00	13:50:08.226816	13:50:08.226816+09:00	2021
...	...	...	...	...
6	2022-01-01 21:32:44.356243+09:00	21:32:44.356243	21:32:44.356243+09:00	2022
7	2022-01-02 19:22:42.668155+09:00	19:22:42.668155	19:22:42.668155+09:00	2022

month_name	day_name	weekday	dayofyear	quarter	is_month_start	is_month_end
12月	金曜日	4	365	4	False	True
12月	金曜日	4	365	4	False	True
...	...	...	...	...	...	...
1月	土曜日	5	1	1	True	False
1月	日曜日	6	2	1	False	False

　この他にも、dtアクセサではさまざまなプロパティーやメソッドが提供されています。すべてのプロパティー・メソッドは、pandasの公式ドキュメントで確認できます[5]。日時や期間に関する操作をしたいときは、まずdtアクセサで実現したい機能が提供されていないか確認するとよいでしょう。

---

[5] dtアクセサ一覧｜pandas公式ドキュメント
　URL https://pandas.pydata.org/docs/reference/series.html#datetimelike-properties

問題 9.3 タイムゾーンを変換するには

日付時刻型のデータを扱うときは、タイムゾーンに注意する必要があります。本問では、タイムゾーンが未設定のデータを、任意のタイムゾーンに変換する方法を扱います。

説明文

dataset/study_log_naive.csv に、生徒（user_name）と教科（subject）ごとの学習時間のデータが入っています（リスト9.13）。列 start_at には学習開始日時が、列 end_at には学習終了日時が記録されています。

リスト9.13：データの準備

```
In
# データの読み込み
df = pd.read_csv(
    "dataset/study_log_naive.csv",
    parse_dates=["start_at", "end_at"],
)
df
```

```
Out
```

	id	user_name	subject	start_at	end_at
0	1	Alice	数学	2021-12-31 04:01:07	2021-12-31 04:31:10
1	2	Alice	情報	2021-12-31 04:50:08	2021-12-31 05:28:10
2	3	Bob	国語	2021-12-31 14:22:30	2021-12-31 14:42:21

列 start_at と列 end_at には、協定世界時（UTC）で日付時刻が格納されています。ただし、データを読み込んだ時点ではタイムゾーン情報は何も設定されていないため、dtype は datetime64[ns, UTC] ではなく datetime64[ns] と表示されます（リスト9.14）。

リスト9.14：データの確認

```
In
df["start_at"]
```

```
Out
0    2021-12-31 04:01:07
1    2021-12-31 04:50:08
2    2021-12-31 14:22:30
Name: start_at, dtype: datetime64[ns]
```

問題

df の列 start_at のタイムゾーン情報を "Asia/Tokyo" に設定し、dtype が datetime64[ns, Asia/Tokyo] に、現地時間は9時間進むように変換してください。なおタイムゾーン情報を設定した場合、次のように「現地時間+UTC との時間差」の形式で表示されます。たとえば2021-12-31 13:01:07+09:00 は、現地時間が2021-12-31 13:01:07 で UTC から9時間進んでいることを表します。

期待する結果：（df["start_at"] の内容）

```
0    2021-12-31 13:01:07+09:00
1    2021-12-31 13:50:08+09:00
2    2021-12-31 23:22:30+09:00
Name: start_at, dtype: datetime64[ns, Asia/Tokyo]
```

解答 9.3　タイムゾーンを変換するには

リスト9.15：解答

| In |

```
# タイムゾーン情報が未設定の状態から、UTCに設定（naive → awareの変換）
start_at_utc = df["start_at"].dt.tz_localize("UTC")
# UTCからAsia/Tokyoに変換（aware → awareの変換）
df["start_at"] = start_at_utc.dt.tz_convert("Asia/Tokyo")
```

解説

　解答のコードは、次の2つのステップに分解できます。

1. dtアクセサの `tz_localize()` を使って、タイムゾーンが未設定の状態から協定世界時（UTC）に設定する（naive → awareの変換）
2. dtアクセサの `tz_convert()` を使って、タイムゾーンをUTCからAsia/Tokyoに変換する（aware → awareの変換）

　日付時刻型のオブジェクトは、タイムゾーン情報が設定されていない場合はnaive、設定されている場合はaware に分類されます。

　今回のデータでは列 start に日付時刻がUTCで記録されていますが、タイムゾーン情報は未設定です。そのため、まずはタイムゾーン情報を設定してawareな状態に変換する必要があります。naiveからawareへの変換は、dtアクセサの `tz_localize()` で変換先のタイムゾーン情報を指定して行います（リスト9.16）。

リスト9.16：naiveからawareへの変換

| In |

```
# タイムゾーン情報が未設定の状態から、UTCに設定 (naive → awareの変換)
start_at_utc = df["start_at"].dt.tz_localize("UTC")
start_at_utc
```

| Out |

```
0   2021-12-31 04:01:07+00:00
1   2021-12-31 04:50:08+00:00
2   2021-12-31 14:22:30+00:00
Name: start_at, dtype: datetime64[ns, UTC]
```

　結果を確認すると、dtypeが **datetime64[ns, UTC]** になっており、タイムゾーンがUTCに設定されたことがわかります。

　UTCが設定された状態からAsia/Tokyoへの変換は、awareからawareへの変換になります。dtアクセサの **tz_convert()** を使うと、第1引数で指定したタイムゾーン情報に変換します（リスト9.17）。

リスト9.17：awareからawareへの変換

| In |

```
# UTCからAsia/Tokyoに変換 (aware → awareの変換)
df["start_at"] = start_at_utc.dt.tz_convert("Asia/Tokyo")
df["start_at"]
```

| Out |

```
0   2021-12-31 13:01:07+09:00
1   2021-12-31 13:50:08+09:00
2   2021-12-31 23:22:30+09:00
Name: start_at, dtype: datetime64[ns, Asia/Tokyo]
```

　現地時間を表す日付時刻部分を見ると、dtypeが **datetime64[ns, Asia/Tokyo]** に変わっており、タイムゾーンがAsia/Tokyoに設定されたことがわかります。また、現地時間も9時間進んでいます。

UTC における 2021-12-31　04:01:07+00:00 と Asia/Tokyo における 2021-12-31　13:01:07+09:00 は、絶対的な日付時刻（UTC で揃えたときの日付時刻）は変わりません。そのため、変換前と変換後の比較結果は True になります（リスト 9.18）。

リスト 9.18：変換前と変換後が同一であることの確認

```
In

# タイムゾーン変換前（UTC）と変換後（Asia/Tokyo）で同じ日付時刻を指している
start_at_utc == start_at_utc.dt.tz_convert("Asia/Tokyo")
```

```
Out

0    True
1    True
2    True
Name: start_at, dtype: bool
```

　tz_localize() はタイムゾーン情報を設定するだけで、タイムゾーンに合わせた現地時間の変換はしません。たとえば、naive な 2021-12-31 04:01:07 に対して tz_localize() を使って Asia/Tokyo に設定すると、「日本時間の 13:01:07」ではなく「日本時間の 04:01:07」になってしまいます（リスト 9.19）。

リスト 9.19：naive な状態に対して tz_localize() を使った場合の挙動

```
In

df = pd.read_csv(
    "dataset/study_log_naive.csv",
    parse_dates=["start_at", "end_at"],
)
# tz_localize()でタイムゾーン情報を設定しても、
# タイムゾーンに合わせた現地時間には変換されない
df["start_at"].dt.tz_localize("Asia/Tokyo")
```

| Out |

```
0    2021-12-31 04:01:07+09:00
1    2021-12-31 04:50:08+09:00
2    2021-12-31 14:22:30+09:00
Name: start_at, dtype: datetime64[ns, Asia/Tokyo]
```

補講 指定可能なタイムゾーン情報

tz_localize()やtz_convert()では、Olson database[6]に登録されているタイムゾーン文字列を指定できます。使用できるタイムゾーン文字列は、pytz.alltimezonesで確認できます（リスト9.20）[7]。

リスト9.20：すべてのタイムゾーンを確認

```
In
import pytz

pytz.all_timezones  # すべてのタイムゾーンを確認
```

```
Out
['Africa/Abidjan',
 'Africa/Accra',
 ...
 'WET',
 'Zulu']
```

また、タイムゾーン文字列以外に、pytzのtimezoneオブジェクトなども指定できます。

---

[6] Arthur David Olson氏が作成し、IANAが管理している各地域のタイムゾーンのデータベース。IANA time zone database、tz databaseとも呼ばれます。

[7] pytzは、Olson databaseのタイムゾーン文字列を使ったタイムゾーン操作を可能にするサードパーティ製パッケージ。pandasをインストールすると自動的にインストールされます。

特定の期間の行を抽出するには

実務では、特定の期間のデータだけを抽出したいことがよくあります。このときタイムゾーンについて理解していないと、意図しない期間を抽出してしまう恐れがあります。本問では、日付時刻が格納されたデータから、指定した期間の行だけを抽出する方法を扱います。

説明文

dataset/study_log_jst.csv に、生徒 (user_name) と教科 (subject) ごとの学習時間のデータが入っています (リスト9.21)。列 start_at には学習開始日時が、列 end_at には学習終了日時が日本時間で記録されており、それぞれ9時間分のオフセット情報 (+09:00) [8] がついています。

リスト9.21：データの準備

```
In
```

```
# データの読み込み
df = pd.read_csv(
    "dataset/study_log_jst.csv", parse_dates=["start_at", "end_at"]
)
df
```

---

[8] オフセット情報とは、ここでは協定世界時 (UTC) との差のこと。たとえば、日本標準時 (JST) はUTCより9時間進んでいるため、オフセット情報はUTC+9:00になります。

	id	user_name	subject	start_at	end_at
0	1	Alice	数学	2021-12-31 13:01:07.915455+09:00	2021-12-31 13:31:10.568577+09:00
1	2	Alice	情報	2021-12-31 13:50:08.226816+09:00	2021-12-31 14:28:10.369856+09:00
2	3	Bob	国語	2021-12-31 23:22:30.684974+09:00	2021-12-31 23:42:21.650810+09:00
3	4	Bob	国語	2022-01-01 00:10:30.751069+09:00	2022-01-01 00:20:44.851817+09:00
4	5	Caroll	理科	2022-01-01 15:23:11.148775+09:00	2022-01-01 17:11:05.693765+09:00
5	6	Caroll	社会	2022-01-01 17:15:31.139724+09:00	2022-01-01 18:11:23.814643+09:00
6	7	Caroll	社会	2022-01-01 21:32:44.356243+09:00	2022-01-01 22:45:06.194202+09:00
7	8	Alice	国語	2022-01-02 19:22:42.668155+09:00	2022-01-02 19:58:44.191690+09:00

問題

下記のように、列 start_at が日本時間の 2022/1/1 以降のデータを抽出して変数 selected_df に格納してください。

期待する結果：(selected_df の内容)

	id	user_name	subject	start_at	end_at
3	4	Bob	国語	2022-01-01 00:10:30.751069+09:00	2022-01-01 00:20:44.851817+09:00
4	5	Caroll	理科	2022-01-01 15:23:11.148775+09:00	2022-01-01 17:11:05.693765+09:00
5	6	Caroll	社会	2022-01-01 17:15:31.139724+09:00	2022-01-01 18:11:23.814643+09:00
6	7	Caroll	社会	2022-01-01 21:32:44.356243+09:00	2022-01-01 22:45:06.194202+09:00
7	8	Alice	国語	2022-01-02 19:22:42.668155+09:00	2022-01-02 19:58:44.191690+09:00

特定の期間の行を抽出するには

リスト9.22：解答

```
In
```

```
# 2022/01/01以降で絞り込む
selected_df = df[df["start_at"] >= "2022-01-01"]
```

解説

`df[df[列名] >= 日時]`とすることで、指定した日時以降のデータに絞り込めます。日時は、`"2022-01-01"`のような文字列で指定可能です。この他、`"2022/01/01"`や`"20220101"`などの書式も使えます。

また、リスト9.23のように年と月だけで指定したり、時刻やオフセット情報を明示的に指定して絞り込むことも可能です。

リスト9.23：さまざまな指定方法

```
In
```

```
# 以下は、すべて解答と同じ結果になる
# （1）年と月だけで指定（2022年1月以降）
df[df["start_at"] >= "2022-01"]


# （2）時刻も含めて指定
df[df["start_at"] >= "2022-01-01 00:00:00"]


# （3）オフセット情報を明示的に指定
df[df["start_at"] >= "2022-01-01 00:00:00+09:00"]
```

今回のデータには9時間分のオフセット情報（+09:00）がついていますが、解答のコードではオフセット情報を省略しています。オフセット情報を省略した場合、元データと同じオフセット情報で絞り込みが行われます。そのため、

タイムゾーンを意識せずに直感的に日時を扱えます。

　もし、日本時間ではなく協定世界時（UTC）を基準にして絞り込みたい場合、リスト9.24のように明示的にオフセット情報を指定します。

リスト9.24：協定世界時（UTC）を基準にした絞り込み

| In |

```
# 協定世界時（UTC）の2022/01/01以降のデータを絞り込み
# 4行目のBobのデータ（2022-01-01 00:10:30.751069+09:00）は範囲外になる
df[df["start_at"] >= "2022-01-01 00:00:00+00:00"]
```

| Out |

	id	user_name	subject	start_at	end_at
4	5	Caroll	理科	2022-01-01 15:23:11.148775+09:00	2022-01-01 17:11:05.693765+09:00
5	6	Caroll	社会	2022-01-01 17:15:31.139724+09:00	2022-01-01 18:11:23.814643+09:00
6	7	Caroll	社会	2022-01-01 21:32:44.356243+09:00	2022-01-01 22:45:06.194202+09:00
7	8	Alice	国語	2022-01-02 19:22:42.668155+09:00	2022-01-02 19:58:44.191690+09:00

　結果が5行から4行に変わることがわかります。これは、4行目のBobのデータ（**2022-01-01 00:10:30.751069+09:00**）はUTCでは2022/12/31になって範囲外となるためです。

**特定の期間の行を
抽出するには**

リスト9.25：別解

```
In
```

```python
import datetime
from zoneinfo import ZoneInfo

# 具体的な名前を指定してタイムゾーンの情報を生成
tz_tokyo = ZoneInfo("Asia/Tokyo")
# タイムゾーンを設定して日付時刻を生成
ref_date = datetime.datetime(2022, 1, 1, tzinfo=tz_tokyo)
# 2022/1/1以降で絞り込む
selected_df = df[df["start_at"] >= ref_date]
```

　日時を文字列ではなく、datetime オブジェクトで指定して絞り込むことも
可能です[9]。日時を文字列で指定する方法は簡潔でわかりやすいですが、状況
によってはdatetime オブジェクトを使いたいケースもあります。そのため、
両方の方法を覚えておくとよいでしょう。

　今回の問題の場合、列 **start_at** ではタイムゾーンが設定されているため、
下記のようにタイムゾーンが未指定の日時データと比較すると例外（Type
Error）が発生します（リスト9.26）。

---

[9] 別解のコードを実行する場合、Windowsではtzdataのインストールが必要です。pip install
tzdataでインストールを行ってください。

```
In
```

```
# タイムゾーン未設定の日付データと比較
df[df["start_at"] >= datetime.datetime(2022, 1, 1)]
```

```
Out
```

```
TypeError: Invalid comparison between dtype=datetime64[ns, ➡
pytz.FixedOffset(540)] and datetime
```

エラーメッセージにある`pytz.FixedOffset(540)`とは、9時間（540分）分のオフセットのことです。このメッセージは、「`df["start_at"]`ではオフセットが設定されているのに対し、比較対象となる`datetime.datetime(2022, 1, 1)`では何も設定していないため、比較できない」ことを示しています。

そのため、冒頭のコードのように、比較対象となる日時データにも9時間分のオフセットを持つタイムゾーンを設定する必要があります。

タイムゾーンが設定された日時データを生成するには、datetimeオブジェクトの生成時に引数`tzinfo`でタイムゾーンオブジェクトを指定します。タイムゾーンオブジェクトは、zoneinfoモジュールの`ZoneInfo`クラスでタイムゾーンの名前を指定して生成します。`"Asia/Tokyo"`を指定すると、自動的に`+9:00`のオフセットが付与されます（リスト9.27）。

リスト9.27：タイムゾーンを指定した日付時刻の生成

```
In
```

```
# 具体的な名前を指定してタイムゾーンの情報を生成
tz_tokyo = ZoneInfo("Asia/Tokyo")
# タイムゾーンを設定して日付時刻を生成
ref_date = datetime.datetime(2022, 1, 1, tzinfo=tz_tokyo)
```

リスト9.28のように`print()`関数で日時データを出力すると、末尾に`+09:00`と表示されており、9時間のオフセット情報が付加されていることを確認できます。

リスト9.28：オフセット情報の確認

| In |

```
print(ref_date)  # 日時を確認
```

| Out |

```
2022-01-01 00:00:00+09:00
```

　zoneinfoモジュールは、Python 3.9で登場したモジュールです。Python 3.8以前では使えません。プロジェクトの事情などでPython 3.8以前を使う必要がある場合は、代わりに`timedelta`でオフセットの時間を明示的に指定してタイムゾーンオブジェクトを生成しましょう（リスト9.29）。

リスト9.29：`timedelta`を使ったタイムゾーン情報の生成

| In |

```
# 明示的なオフセットを指定してタイムゾーンの情報を生成する
tz_tokyo = datetime.timezone(datetime.timedelta(hours=9))
# タイムゾーンを設定して日付時刻を生成
ref_date = datetime.datetime(2022, 1, 1, tzinfo=tz_tokyo)
```

問題 9.5 日時から年＋週番号の列を作成するには

実務では、週単位のデータの傾向を把握する上で、週を識別する番号が必要になることがよくあります。本問では、週を識別するための情報として「年＋週番号」の列を作成する方法を扱います。

説明文

dataset/study_log_2months.csvに、生徒（user_name）と教科（subject）ごとの学習時間のデータが入っています（リスト9.30）。列start_atには学習開始日時が、列end_atには学習終了日時が記録されており、データは2021/12/1から2022/1/31までの2か月間分あります。

リスト9.30：データの準備

```
In
# データの読み込み
df = pd.read_csv(
    "dataset/study_log_2months.csv",
    parse_dates=["start_at", "end_at"],
)
df
```

Out					
	id	user_name	subject	start_at	end_at
0	1	Alice	数学	2021-12-01 20:06:06.483196+09:00	2021-12-01 21:31:50.743590+09:00
1	2	Bob	英語	2021-12-01 22:49:20.341135+09:00	2021-12-01 23:59:20.661257+09:00
2	3	Bob	英語	2021-12-02 00:12:08.341451+09:00	2021-12-01 00:45:34.854274+09:00
...	...	...	...	...	...
145	146	Alice	理科	2022-01-30 14:20:17.776030+09:00	2022-01-30 16:51:29.587649+09:00
146	147	Alice	英語	2022-01-31 06:12:05.683368+09:00	2021-01-31 07:01:44.368948+09:00
147	148	Alice	社会	2022-01-31 20:12:40.352115+09:00	2021-01-31 21:58:12.285765+09:00

148 rows × 5 columns

　データを週ごとに管理するための前処理として、各データがどの週に属するかを示すグループ番号の列（week_group）を追加したいです。なおここでいう「週ごと」とは、下記のように月曜日から日曜日までの7日間をまとめたグループを指し、グループ番号には年と週番号を組み合わせた数字を使います（図9.1）。

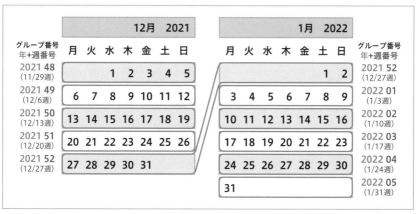

図9.1：週ごとのグループ番号

週番号とは「その年の最初の木曜日が含まれる週を1とする番号」のことで、日付と時刻の表記について定めた国際規格であるISO 8601で規定されています。たとえば「2022年の最初の週」は、最初の木曜日である2022/1/6を含む「2022/1/3週」です。そのため、この2022/1/3週の週番号が1になります。それ以前の2022/1/1と1/2は「2021年の第52週」と同じ扱いになり、年は2021、週番号は52になります。そのため、グループ番号は202201ではなく202152となることに注意してください。

問題

下記のように、どの週に属するかを示すグループ番号の列（week_group）をdfに追加してください。

期待する結果：（dfの内容）

	id	user_name	subject	start_at	end_at	week_group
0	1	Alice	数学	2021-12-01 20:06:06.483196+09:00	2021-12-01 21:31:50.743590+09:00	202148
1	2	Bob	英語	2021-12-01 22:49:20.341135+09:00	2021-12-01 23:59:20.661257+09:00	202148
2	3	Bob	英語	2021-12-02 00:12:08.341451+09:00	2021-12-01 00:45:34.854274+09:00	202148
...	...	...	...	...	...	...
145	146	Alice	理科	2022-01-30 14:20:17.776030+09:00	2022-01-30 16:51:29.587649+09:00	202204
146	147	Alice	英語	2022-01-31 06:12:05.683368+09:00	2021-01-31 07:01:44.368948+09:00	202205
147	148	Alice	社会	2022-01-31 20:12:40.352115+09:00	2021-01-31 21:58:12.285765+09:00	202205

148 rows × 6 columns

解答 9.5 日時から年＋週番号の列を作成するには

リスト9.31：解答

```
In
```

```
# ISO 8601に基づく情報を抽出
iso_df = df["start_at"].dt.isocalendar()
# グループ番号の列を作成
df["week_group"] = iso_df["year"] * 100 + iso_df["week"]
```

解説

このコードは、次の3つのステップに分解できます。

1. dt.isocalendar()を使って、列start_atから年を取得する
2. dt.isocalendar()を使って、列start_atから週番号を取得する
3. 年と週番号を組み合わせて、新しい列week_groupを作成する

年と週番号は、dtアクセサのisocalendar()を使って取得できます。isocalendar()を実行すると、次のようにISO 8601に基づく年（year）・週番号（week）・週の何番目の日か（day、月曜日なら1、日曜日なら7）を格納したDataFrameが作成されます。同等の情報は標準ライブラリーのdatetimeモジュールのisocalendar()でも得られますが、pandasを使う場合、dtアクセサ経由で使う方が簡潔に記述できます（リスト9.32）。

リスト9.32：ISO 8601に基づく情報の取得

```
In
```

```
# ISO 8601に基づく情報を取得
df["start_at"].dt.isocalendar()
```

Out			
	year	week	day
0	2021	48	3
1	2021	48	3
2	2021	48	4
...	...	...	...
145	2022	4	7
146	2022	5	1
147	2022	5	1

148 rows × 3 columns

　重要なのは、dtアクセサのyearで得られる値とisocalendar()の
yearで得られる値は違うという点です。前者はグレゴリオ暦、後者はISO
8601に基づきます。リスト9.33のコードを実行して2022/1/1の結果を確認
すると、列yearがグレゴリオ暦に基づく2022ではなく、ISO 8601に基づく
2021になっていることがわかります。

リスト9.33：2022/1/1のISO 8601に基づく年情報を確認

```
In
import datetime

# start_atが2022/1/1となる行のisocalendar()の結果を確認する
check_df = df[df["start_at"].dt.date == datetime.date(2022, 1, 1)]
check_df["start_at"].dt.isocalendar()
```

Out			
	year	week	day
59	2021	52	6
...	...	...	...

　週番号も、isocalendar()の結果から取得します。週番号の最大値は53
で3桁以上にはならないことがわかっているため、年を100倍した値と週番号
を合計することで、年をまたいで一意な週のグループ番号を作成できます。

別解
9.5

日時から年＋週番号の列を作成するには

リスト9.34：別解

```
In
```

```
iso_df = df["start_at"].dt.isocalendar()
df["week_group"] = iso_df.apply(
    lambda x: x["year"] * 100 + x["week"], axis=1
)
```

年と週番号を求める際に apply() を使って書いても構いません（リスト9.34）。

また、apply() で文字列の format() を各行に対して適用しても同様の結果を得られます。リスト9.35のように記述した場合、"{0.year}{0.week:02}".format の 0 には各行の値が入り、フォーマットにしたがって年と週番号を組み合わせた文字列が作成されます。

リスト9.35：format()を使った別解

```
In
```

```
df["week_group"] = iso_df.apply(
    "{0.year}{0.week:02}".format, axis=1
)
```

この方法の場合、得られる結果が整数ではなく文字列になるため、整数にする必要がある場合は astype() を使って変換しましょう。

日時から週の開始日の列を作成するには

実務では、週単位のデータの傾向を把握する上で、週を識別する番号が必要になることがよくあります。本問では、週を識別するための情報として「週の開始日」の列を作成する方法を扱います。

説明文

dataset/study_log_2months.csv に、生徒（user_name）と教科（subject）ごとの学習時間のデータが入っています（リスト9.36）。列 start_at には学習開始日時が、列 end_at には学習終了日時が記録されており、データは2021/12/01から2022/01/31までの2か月間分あります。

リスト9.36：データの準備

```
In
```

```
# データの読み込み
df = pd.read_csv(
    "dataset/study_log_2months.csv",
    parse_dates=["start_at", "end_at"],
)
df
```

| Out |

	id	user_name	subject	start_at	end_at
0	1	Alice	数学	2021-12-01 20:06:06.483196+09:00	2021-12-01 21:31:50.743590+09:00
1	2	Bob	英語	2021-12-01 22:49:20.341135+09:00	2021-12-01 23:59:20.661257+09:00
2	3	Bob	英語	2021-12-02 00:12:08.341451+09:00	2021-12-01 00:45:34.854274+09:00
...	...	...	...	...	...
145	146	Alice	理科	2022-01-30 14:20:17.776030+09:00	2022-01-30 16:51:29.587649+09:00
146	147	Alice	英語	2022-01-31 06:12:05.683368+09:00	2021-01-31 07:01:44.368948+09:00
147	148	Alice	社会	2022-01-31 20:12:40.352115+09:00	2021-01-31 21:58:12.285765+09:00

148 rows × 5 columns

　データを週ごとに管理するための前処理として、列 `start_at` に対応する週の開始日を格納した列（`first_day`）を追加したいです。なお、今回の問題では週の開始日は月曜日とします。たとえば、2022/01/30の週の開始日は、2022/01/24になります（図9.2）。

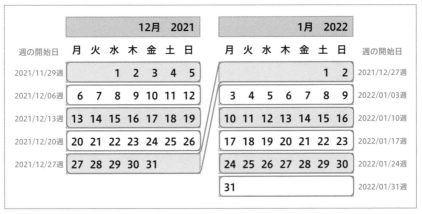

図9.2：週の開始日

問題

下記のように、列 start_at に対応する週の開始日を格納した列 first_day を追加してください。

期待する結果：（df の内容）

	id	user_name	subject	start_at	end_at	first_day
0	1	Alice	数学	2021-12-01 20:06:06.483196+09:00	2021-12-01 21:31:50.743590+09:00	2021-11-29
1	2	Bob	英語	2021-12-01 22:49:20.341135+09:00	2021-12-01 23:59:20.661257+09:00	2021-11-29
2	3	Bob	英語	2021-12-02 00:12:08.341451+09:00	2021-12-01 00:45:34.854274+09:00	2021-11-29
...	...	...	...	...	...	...
145	146	Alice	理科	2022-01-30 14:20:17.776030+09:00	2022-01-30 16:51:29.587649+09:00	2022-01-24
146	147	Alice	英語	2022-01-31 06:12:05.683368+09:00	2021-01-31 07:01:44.368948+09:00	2022-01-31
147	148	Alice	社会	2022-01-31 20:12:40.352115+09:00	2021-01-31 21:58:12.285765+09:00	2022-01-31

148 rows × 6 columns

日時から週の開始日の列を作成するには

リスト9.37：解答

```
In
```

```
# 週の中のインデックスをTimedeltaに変換してSeriesを作成
weekday = pd.to_timedelta(df["start_at"].dt.weekday, unit="D")
# 現在見ている日付から週の中のインデックスを引いて「週の開始日」の列を作成
df["first_day"] = (df["start_at"] - weekday).dt.date
```

解説

　週の開始日は「現在見ている日付が何曜日であるか」つまり週の中のインデックスがわかれば、現在見ている日付からの差をとって計算できます。たとえば2022/01/30が属する週の開始日を求めたい場合、次のように考えます（図9.3）。

1. 1/30は日曜日なので、週の中のインデックスは6
2. 1/30の6日前は1/24

　よって、週の開始日は2022/01/24だとわかります。

図9.3：週の開始日の求め方のイメージ

解答のコードは2行ですが、大きく分けて次の4つのステップに分解できます。

1. （1行目）dtアクセサのweekdayを使って、週の中のインデックスを取得する（月曜日なら0、日曜日なら6）
2. （1行目）ステップ1で取得した整数を、pd.to_timedelta()を使ってTimedeltaの日数に変換する
3. （2行目）df["start_at"]の日時から、ステップ2で取得した日数を引く
4. （2行目）dtアクセサのdateを使って、ステップ3から日付を抽出する

コードを分解して、途中結果を確認していきましょう。まず、dtアクセサを使って週の中のインデックスを取得します（リスト9.38）。

リスト9.38：ステップ1：週の中のインデックスを取得

```
In
```

```
# 1. 週の中のインデックスを取得する（月曜日なら0, 日曜日なら6）
df["start_at"].dt.weekday
```

```
Out
```

```
0      2
1      2
2      3
...    ...
145    6
146    0
147    0
Name: start_at, Length: 148, dtype: int64
```

dt.weekdayで得られる「週の中のインデックス」は、0〜6の値をとります。一方、本章問題9.5の「日時から年＋週番号の列を作成するには」で扱ったdt.isocalendar()の列dayは、1〜7の値をとります。両者とも週の曜日に相当する点は同じですが、とりうる値の範囲が違う点に注意しましょう。

dt.weekdayで得られる結果は整数型なので、そのままでは日時に対して

加算や減算ができません。そのため、時間の差を表すTimedeltaに変換する必要があります。Timedeltaを日付時刻型のデータと組み合わせることで「ある日時の〇〇日後」「ある日時の〇〇時間前」といった時間の加算／減算が行えます。

整数からTimedeltaへの変換には、**pd.to_timedelta()** を使います（構文9.2）。

構文9.2：整数をTimedeltaに変換

```
# 整数が格納されたデータをTimedeltaに変換する
pd.to_timdelta(変換対象のデータ, unit=時間の単位)
```

今回は日数に変換したいので、引数unitには **"D"** を指定します（リスト9.39）。

リスト9.39：ステップ2：ステップ1で取得した整数をTimedeltaに変換

```
In
```

```
# 2. 日数差（Timedelta）に変換する
weekday = pd.to_timedelta(df["start_at"].dt.weekday, unit="D")
weekday
```

```
Out
```

```
0      2 days
1      2 days
2      3 days
...    ...
145    6 days
146    0 days
147    0 days
Name: start_at, Length: 148, dtype: timedelta64[ns]
```

他の型同様、日時とTimedeltaの計算も列同士のまま行えます（リスト9.40）。

リスト9.40：ステップ3: 週の開始日を計算

```
In
```

```
# 3. ステップ2で取得した日数を引いて週の開始日を計算する
df["start_at"] - weekday
```

```
Out
```

```
0      2021-11-29 20:06:06.483196+09:00
1      2021-11-29 22:49:20.341135+09:00
2      2021-11-29 00:12:08.341451+09:00
...    ...
145    2022-01-24 14:20:17.776030+09:00
146    2022-01-31 06:12:05.683368+09:00
147    2022-01-31 20:12:40.352115+09:00
Name: start_at, Length: 148, dtype: datetime64[ns, ➡
pytz.FixedOffset(540)]
```

　最終的に欲しいのは週の開始日（日付）なので、**dt.date**を使って日付だけを抽出します（リスト9.41）。

リスト9.41：ステップ4: 日付だけを抽出

```
In
```

```
# 4. 日付だけを抽出する
df["first_day"] = (df["start_at"] - weekday).dt.date
df["first_day"]
```

```
Out
```

```
0      2021-11-29
1      2021-11-29
2      2021-11-29
...    ...
145    2022-01-24
146    2022-01-31
147    2022-01-31
Name: first_day, Length: 148, dtype: object
```

別解
9.6

日時から週の開始日の列を作成するには

リスト9.42：別解

```
In

import datetime

iso_df = df["start_at"].dt.isocalendar()
df["first_day"] = iso_df.apply(
    lambda x: datetime.date.fromisocalendar(
        x["year"], x["week"], 1
    ),
    axis=1
)
```

リスト9.42のコードは、次の2つのステップに分解できます。

1. `dt.isocalendar()` を使って、列 `start_at` の日付から年・週番号・週
  の何番目の日かを表す整数（1～7）を取得する
2. `apply()` で datetime モジュールの `date.fromisocalendar()` を各
  行に適用して、週の開始日の日付を逆算する

　`dt.isocalendar()` を使うと、ISO 8601 に基づく年（`year`）・週番号
（`week`）・週の何番目の日かを表す整数（`day`）を格納した DataFrame を取得
できます。ここでの `day` は、解答のコードで使った `dt.weekday`（週の中の
インデックス）とは異なり、1～7の値を取る点に注意してください。

　標準ライブラリーの datetime モジュールにある `date.fromisocalendar()`
を使うと、年・週番号・週の何番目の日かを表す整数から、対応する日付を逆
算できます（リスト9.43）。

リスト9.43：fromisocalendar()を使って日付を逆算

| In |

```
# 2022年の週番号=4の週の7日目は、2022/01/30
datetime.date.fromisocalendar(2022, 4, 7)
```

| Out |

```
datetime.date(2022, 1, 30)
```

週の開始日（月曜日）のdayは1になるため、datetime.date.from isocalendar(年, 週番号, 1)とすることで、週の開始日を求められます。

補講

Timedelta型と pd.to_timedelta()

　今回の解答のコードでは、整数が入った列を `pd.to_timedelta()` を使ってTimedelta型に変換するステップがありました。pandasのTimedeltaは、Pythonのdatetimeモジュールのtimedeltaに相当する機能を持ちます。そのため、日付時刻型のデータと組み合わせることで時間の加算／減算を行えます。

　`pd.to_timedelta()` は、引数で渡された値をTimedelta型に変換します。変換する際の時間の単位（週／日／時間／分／秒など）は、引数 unit で文字列で指定します[10]。リスト9.44は、さまざまな単位の加算を行った例です。

リスト9.44：pd.to_timedelta()を使った時間の加算

```
In
```

```python
# 2022/01/01の1時20分の1日後
print(
    pd.to_datetime("2022/01/01 01:20:00")
    + pd.to_timedelta(1, unit="D")
)


# 2022/01/01の1時20分の1週間後
print(
    pd.to_datetime("2022/01/01 01:20:00")
    + pd.to_timedelta(1, unit="W")
)


# 2022/01/01の1時20分の1時間後
print(
```

---

[10] 引数 unit を使わず、数字と単位を文字列で同時に指定することも可能です。たとえば、`pd.to_timedelta(1, unit="D")` は `pd.to_timedelta("1D")` と記述できます。

```
    pd.to_datetime("2022/01/01 01:20:00")
    + pd.to_timedelta(1, unit="H")
)
```

| Out |

```
2022-01-02 01:20:00
2022-01-08 01:20:00
2022-01-01 02:20:00
```

　なお、**pd.to_timedelta()**では単位として年や月を指定できません。「1年」や「1か月」は時期によって長さが変わるため、絶対的な時間の長さを表すTimedeltaでは扱えないからです。年や月単位の加算・減算では、相対的な時間の長さを扱う**DateOffset**を利用しましょう（リスト9.45）。

リスト**9.45**：DateOffsetを使った月の加算

| In |

```
from pandas.tseries.offsets import DateOffset

# 列start_atの1か月後
df["start_at"] + DateOffset(months=1)
```

　また、サードパーティ製パッケージであるpython-dateutilの**relative delta**（リスト9.46）も便利です[11]。

リスト**9.46**：relativedeltaを使った月の加算

| In |

```
from dateutil.relativedelta import relativedelta

# 列start_atの1か月後
df["start_at"].apply(lambda x: x + relativedelta(months=1))
```

---

[11] pandasをインストールすると、python-dateutilも一緒にインストールされます。

問題 9.7 飛び飛びの日付のデータを補完するには

実務では、時系列データの一部が欠けていても、0などの特定の値や直前・直後の値など何らかの方法で補完したいことがよくあります。本問では、欠けている日付時刻を補う方法を扱います。

説明文

dataset/study_total_minutes.csv に、ある生徒の日付ごとの学習時間のデータが格納されています。列 date には学習した日付が、列 total_minutes にはその日の学習時間（分）が記録されています。データの期間は2022/1/1から2022/1/6までですが、総学習時間が0分だった日の記録はないため、欠けている日付があります（2022/1/2など）。

リスト9.47のように、date をインデックスに指定して読み込みます。

リスト9.47：データの準備

```
In
```

```
# データの読み込み
df = pd.read_csv(
    "dataset/study_total_minutes.csv",
    parse_dates=["date"],
    index_col="date",
)
df
```

	total_minutes
date	
2022-01-01	32
2022-01-03	156
2022-01-05	201
2022-01-06	34

問題

　下記のように、記録がない日付は0分として補完して、2022/1/1から2022/1/6までの日付のデータを作成し、変数 filled_df に格納してください。

⠿ 期待する結果：(**filled_df**の内容)

	total_minutes
date	
2022-01-01	32
2022-01-02	0
2022-01-03	156
2022-01-04	0
2022-01-05	201
2022-01-06	34

解答 9.7 飛び飛びの日付のデータを補完するには

リスト9.48：解答

| In |

```
# 日単位に変換（日付がない箇所は0で補完）
filled_df = df.asfreq("D", fill_value=0)
```

解説

　今回扱っている「飛び飛びの日付データ」は、「日単位より低い頻度のデータ」といえます。これをより高い頻度である「日単位のデータ」に変換することは、アップサンプリングの処理に相当します。アップサンプリングとは、より低い頻度から高い頻度にデータを変換する処理のことです。

　このようなケースでは、`asfreq()`が便利です。`asfreq()`は、インデックスが日付時刻型のデータを、指定した頻度（年、月、日など）で変換します。欠けている日付時刻は補完されるため、今回の場合は元のデータにない「2022-01-02」「2022-01-04」の行も作成されます（構文9.3）。

構文9.3：指定した頻度にデータを変換

```
# 指定した頻度にデータを変換
df.asfreq( 変換後の頻度 , fill_value=元データがない場合の補完値 )
```

　第1引数の**変換後の頻度**には、"Y"（年）、"M"（月）、"D"（日）などの頻度を示す文字列を指定します。その他、頻度として使用可能な文字列の一覧は、pandasの公式ドキュメントで確認できます[12]。今回は日単位に変換したいので、**"D"**を指定します。

---

[12] Offset aliases | pandas公式ドキュメント
URL https://pandas.pydata.org/docs/user_guide/timeseries.html#offset-aliases

　また、今回は元のデータがない場合は総合学習時間を0分としたいため、引数`fill_value`には`0`を指定します。

飛び飛びの日付のデータを補完するには

リスト9.49：別解

```
In
```

```
# 日単位でデータを集約
filled_df = df.resample("D").sum()
```

今回やりたいことは飛び飛びの日付データの補完ですが、これは「日ごとに合計を計算する」ことと同じだと考えることもできます。データがない日付の合計値は0です。

このようなとき、resample() が便利です。resample() は asfreq() と同様に頻度変換を行うメソッドですが、次のように集約メソッドと組み合わせて使えます（構文9.4）。

構文9.4：指定した頻度で集約

```
# 指定した頻度で集約
df.resample(変換後の頻度).集約メソッド()
```

第1引数の**変換後の頻度**には、asfreq() と同じように頻度を示す文字列を指定します。

集約メソッドには、合計の場合は sum()、平均値の場合は mean() などを使います。たとえば、月ごとに合計を計算したい場合は df.resample("M").sum()、週ごとに平均値を計算したい場合は df.resample("W").mean() などのように使います。

今回の問題では、「日ごとに合計を計算する」という考え方で処理を行いたいため、resample() と sum() の組み合わせで求められます。

補講 補完する期間を指定する場合

　今回は、2022/1/1から2022/1/6までの日付の範囲で補完を行いました。

　では、範囲を少し広げて2021/12/28から2022/1/9までの範囲を補完したい場合はどうすればよいでしょうか？

　asfreq()は元々あるデータの開始値と終了値を基準にして補完を行うので、そのままではasfreq()は使えません。ここでは、次の2つの方法を紹介します。

- 方法1. locを使って開始値と終了値の行を追加し、asfreq()で補完する
- 方法2. pd.date_range()とreindex()を使って補完する

　方法1では、まず、asfreq()を使うための基準として開始値（2021/12/28）と終了値（2022/1/9）の行を追加します。リスト9.50のように記述すると、DataFrameの末尾に新しい行が追加されます。

リスト9.50：開始値と終了値の行を追加

```
In
# 「2021/12/28」と「2022/1/9」の行を追加
df.loc[pd.Timestamp("2021/12/28")] = [0]
df.loc[pd.Timestamp("2022/1/9")] = [0]
df
```

Out

	total_minutes
date	
2022-01-01	32
2022-01-03	156
2022-01-05	201
2022-01-06	34
2021-12-28	0
2022-01-09	0

　この後、解答と同様に`df.asfreq("D", fill_value=0)`を実行すれば、2021/12/28から2022/1/9までの日付のデータが補完されます。

　方法2では、`asfreq()`は使わずにインデックスを再設定することで補完します。次のステップで行います。

1. 欲しい期間の日付データを`pd.date_range()`で作成する
2. `reindex()`を使って、ステップ1で作成した日付データを`df`の新しいインデックスとして設定する

　具体的には**リスト9.51**のようなコードになります。

リスト9.51：インデックスの再設定による日付の補完

In

```python
# 指定した期間の日付データを作成
new_date_index = pd.date_range(
    "2021/12/28", "2022/01/09", name="date"
)
# 新しいインデックスとして設定（もともと値がなかった日付は0で補完）
filled_df = df.reindex(new_date_index, fill_value=0)
filled_df
```

date	total_minutes
2021-12-28	0
2021-12-29	0
2021-12-30	0
2021-12-31	0
2022-01-01	32
2022-01-02	0
2022-01-03	156
2022-01-04	0
2022-01-05	201
2022-01-06	34
2022-01-07	0
2022-01-08	0
2022-01-09	0

　期待通り、2021/12/28から2022/1/9までの期間の行ができ、0で補完されていることがわかります。

日付時刻型のデータを操作しよう

問題 9.8 週ごとにデータを集約するには

時系列データ処理では、月ごとの平均、週ごとの合計など、さまざまな頻度でデータを集約したいことがよくあります。

本問では、指定した期間の単位でデータを集約する方法を扱います。

説明文

dataset/study_total_minutes_1month.csvに、ある生徒の日付ごとの学習時間のデータが格納されています。列 date には学習した日付が、列 total_minutes にはその日の学習時間（分）が記録されています。データの期間は2021/12/30から2022/01/29までですが、総学習時間が0分だった日の記録はないため、欠けている日付があります（2022/01/02など）。

リスト9.52のように、date をインデックスに指定して読み込みます。

リスト9.52：データの準備

```
In
# データの読み込み
df = pd.read_csv(
    "dataset/study_total_minutes_1month.csv",
    parse_dates=["date"],
    index_col="date",
)
df
```

	total_minutes
date	
2021-12-30	45
2021-12-31	21
2022-01-01	32
2022-01-03	156
...	...
2022-01-19	220
2022-01-24	32
2022-01-25	110
2022-01-29	347

　総学習時間を週ごとに集約して、各週の最小値、最大値、平均値、合計、学習した日数を計算しようと思います。なお、ここでの週の単位は月曜始まりとし、各週の集約結果は最終日の日付で管理します。たとえば、2021/01/03（月）から2022/01/09（日）までの1週間では、次の図9.4のように「2022/01/09週」として結果をまとめます。

1月　2022

月　火　水　木　金　土　日

3　4　5　6　7　8　9　2022/01/09週
156分　201分 34分　　　542分

最小値　　：34分
最大値　　：542分
平均値　　：（156 + 201 + 34 + 542）/ 4 = 233.25分
合計　　　：156 + 201 + 34 + 542 = 933分
学習した日数：4

図9.4：週ごとの集約のイメージ

P O 1 2 3 4 5 6 7 8 9 10

日付時刻型のデータを操作しよう

問題

　下記のような集約結果が格納された DataFrame を作成し、変数 agg_df に格納してください。

期待する結果：（agg_df の内容）

	min	max	mean	sum	total_minutes count
date					
2022-01-02	21	45	32.666667	98	3
2022-01-09	34	542	233.250000	933	4
2022-01-16	21	360	168.000000	504	3
2022-01-23	220	220	220.000000	220	1
2022-01-30	32	347	163.000000	489	3

解答
9.8

週ごとにデータを
集約するには

リスト9.53：解答

```
In
# 週ごとに集約
agg_df = df.resample("W").agg(
    ["min", "max", "mean", "sum", "count"]
)
```

解説

　この問題でやりたいことは、「日単位のデータ」を「週単位のデータ」に変換して集約することです。このような、より高い頻度から低い頻度への変換のことを**ダウンサンプリング**といいます。

　ダウンサンプリングは、構文9.5のように resample() と集約メソッドを組み合わせて実現できます。

構文9.5：指定した頻度でデータを集約

```
# 指定した頻度でデータを集約
df.resample(変換後の頻度).集約メソッド()
```

　第1引数の **変換後の頻度** には、**"Y"**（年）、**"M"**（月）、**"D"**（日）などの頻度を示す文字列を指定します。今回は週ごとに集約したいので **"W"** を指定します。

　集約メソッドには max() や mean() などがありますが、今回のように複数の集約結果を求める場合は、agg() を使うと便利です。

　agg() では、集約方法を示す文字列（"min" や "max" など）や関数をリスト形式で指定することで、複数の集約結果を一括で算出できます。今回は、最小値・最大値・平均値・合計・データの個数（学習した日数）を知りたいので、**"min"**、**"max"**、**"mean"**、**"sum"**、**"count"** を指定します。

補講 データがない日を補完して集約するには

　今回扱ったデータでは、総学習時間が0分だったデータは含まれていませんでした。では次の図のように、総学習時間が0分だった日を含めて集約したい場合はどうすればよいでしょうか。0分のデータも含めて考えると、最小値と平均値が変わってきます。しかし「学習した日数」では0分のデータは除外して考えるため、元のままです。

　たとえば、2022/01/09週は図9.5のような結果になります。

		1月　2022				
月	**火**	**水**	**木**	**金**	**土**	**日**
3	**4**	**5**	**6**	**7**	**8**	**9**
156分	0分	201分	34分	0分	0分	542分

2022/01/09週

```
最小値　　　：0分
最大値　　　：542分
平均値　　　：（156 + 201 + 34 + 542）/ 7 = 133.285714分
合計　　　　：156 + 201 + 34 + 542 = 933分
学習した日数：4（0分の日は含めない）
```

図9.5：週ごとの集約のイメージ（0分の日を考慮）

　この場合、本章問題9.7「飛び飛びの日付のデータを補完するには」の補講で学んだように抜けている日付の値を補完してから集約します。今回は、date_range()とreindex()を使う方法で補完します。

　まずデータの開始日である2021/12/30が木曜日、終了日である2022/01/29が土曜日なので、月曜〜日曜日までの期間のデータが揃うように、2021/12/27（月）から2022/01/30（日）のインデックスを作成します

（リスト9.54）。

リスト9.54：日付を補完

```
In
# 指定した期間の日付データを作成
date_index = pd.date_range("2021/12/27", "2022/01/30", name="date")
# 新しいインデックスとして設定（もともと値がなかった日付は0で補完）
filled_df = df.reindex(date_index, fill_value=0)
filled_df.head()
```

```
Out
```

	total_minutes
date	
2021-12-27	0
2021-12-28	0
2021-12-29	0
2021-12-30	45
2021-12-31	21

補完後に resample() を実行すると、最小値や平均値が学習時間0分の日を考慮した値になっていることがわかります（リスト9.55）。

リスト9.55：週ごとの集約

```
In
# 週ごとに集約
filled_df.resample("W").agg(["min", "max", "mean", "sum", "count"])
```

| Out |

| | | | | total_minutes | |
date	min	max	mean	sum	count
2022-01-02	0	45	14.000000	98	7
2022-01-09	0	542	133.285714	933	7
2022-01-16	0	360	72.000000	504	7
2022-01-23	0	220	31.428571	220	7
2022-01-30	0	347	69.857143	489	7

　ただし、"count"はデータの個数をカウントするため、このままだと0分のデータも含めてカウントされてしまいます。

　0分の日は学習した日数に含めたくない場合、「0より大きいデータだけをカウントする」ような関数を集約方法として指定すればよいです。agg()では、集約方法として文字列以外に関数も渡せます。リスト9.56のコードでは集約方法を定義した関数count_over_0()を作成して、agg()で指定しています。集約方法に関数を指定した場合、集約後の列名は関数名になります（今回の場合はcount_over_0）。

リスト9.56：自分で定義した関数を使って集約

| In |

```python
def count_over_0(x):
    return (x > 0).sum()


# 0より大きいデータの個数を集計するように指定
agg_df = filled_df.resample("W").agg(
    ["min", "max", "mean", "sum", count_over_0]
)

agg_df
```

date	min	max	mean	sum	total_minutes count_over_0
2022-01-02	0	45	14.000000	98	3
2022-01-09	0	542	133.285714	933	4
2022-01-16	0	360	72.000000	504	3
2022-01-23	0	220	31.428571	220	1
2022-01-30	0	347	69.857143	489	3

第 10 章

テーブル表示を
見やすくしよう

値によって
スタイルを変えるには

Jupyter上でDataFrameを表示する際に、値に応じて背景色や文字色を変えるとデータを確認しやすくなります。たとえば「欠損値の要素の背景色を灰色にする」「負の値を赤字にする」といったスタイルです。本問では、値に応じてDataFrameのスタイルを変える方法を扱います。

説明文

`dataset/score.csv`に、試験結果のデータが格納されています（リスト10.1）。

リスト10.1：データの準備

```
In

# データの読み込み
df = pd.read_csv("dataset/score.csv")
df
```

```
Out
```

	生徒ID	国語	数学	理科	社会
0	ST001	70	97	80	78
1	ST002	68	89	78	92
2	ST003	88	92	90	98
3	ST004	71	100	79	68
4	ST005	73	87	65	60

問題

Jupyter上で列国語、**数学**、**理科**、**社会**の各値が70点未満の場合は太字で表示されるように、dfにスタイルを適用してください。

⚙ 期待する結果：（Jupyter上の表示結果）

	生徒ID	国語	数学	理科	社会
0	ST001	70	97	80	78
1	ST002	**68**	89	78	92
2	ST003	88	92	90	98
3	ST004	71	100	79	**68**
4	ST005	73	87	**65**	**60**

値によって
スタイルを変えるには

リスト 10.2：解答

```
In

def style_low_score(x):
    # 70点未満の場合は太字のCSSを返す
    # 引数xには、各要素の値が渡される
    style = "font-weight: bold;" if x < 70 else None
    return style  # 適用するCSS


# スタイルを適用する
df.style.applymap(
    style_low_score, subset=["国語", "数学", "理科", "社会"]
)
```

解説

DataFrame の **style** 属性を使うと、Jupyter 上でデータを表示する際に CSS[1]でスタイルを適用できます。この機能は、注目すべき値を目立たせたいケースなどで便利です。

今回の問題でやりたいことは、「値が 70 点未満の要素のスタイルを太字にしたい」です。このように値によって異なるスタイルを適用する場合は、style の applymap() を使います（構文10.1）。

---

[1] CSSとは、Cascading Style Sheetsの略。スタイルシートとも呼ばれます。詳しくは、こちらを参照してください。
CSS：カスケーディングスタイルシート | mdn web docs
URL https://developer.mozilla.org/ja/docs/Web/CSS

構文10.1：個々の値に応じてスタイルを適用

```
# 個々の値に応じてスタイルを適用する
df.style.applymap(スタイルを作成する関数, subset=適用する列名のリスト)
```

　第1引数には、「引数で各要素の値を受け取り、戻り値で適用するCSSを返す」ような関数を指定します。今回の場合、70点未満のときだけ太字のスタイルを適用したいので、リスト10.3のように「引数で受け取った値が**70**未満かどうか判定し、**70**未満のときだけ太字にするCSS（`font-weight: bold;`）を返す関数」を定義します。なお**None**を返した場合は、何もスタイルを適用しません。

リスト10.3：適用するCSSを返す関数

| In |

```python
def style_low_score(x):
    # 70点未満の場合は太字のCSSを返す
    # 引数xには、各要素の値が渡される
    style = "font-weight: bold;" if x < 70 else None
    return style  # 適用するCSS
```

　`applymap()`の引数`subset`には、スタイルを適用する列を指定します。今回の場合、列**国語**、**数学**、**理科**、**社会**だけに適用したいので、これらの列名を格納したリストを指定します。

　なお、リスト10.4のようにlambda式を使って記述しても問題ありません。

リスト10.4：lambda式を使った書き方

| In |

```python
# スタイルを適用する（lambda式で指定）
df.style.applymap(
    lambda x: "font-weight: bold;" if x < 70 else None,
    subset=["国語", "数学", "理科", "社会"],
)
```

値によって
スタイルを変えるには

リスト10.5：別解

```
In
```

```python
# 指定した範囲にスタイルを適用する
df.style.highlight_between(
    subset=["国語", "数学", "理科", "社会"],  # 適用する列名のリスト
    right=70,  # 上限は70
    inclusive="neither",  # 境界値を含めない
    props="font-weight: bold",  # 適用するCSS
)
```

style.highlight_between()を使うと、指定した範囲に対してスタイルを適用できます（構文10.2）。

構文10.2：指定した範囲へのスタイルの適用

```python
# 指定した範囲にスタイルを適用する
df.style.highlight_between(
    subset=適用する列名のリスト,
    color=背景色,  # デフォルトでは黄色
    left=下限値,  # 省略すると下限なしになる
    right=上限値,  # 省略すると上限なしになる
    inclusive=境界値の含め方の設定,  # both, neither, left, rightのいずれか
    props=CSSの設定  # 引数colorを指定した場合は無視される
)
```

引数inclusiveのデフォルト値は"both"（下限値も上限値も含む）で、left以上right以下の範囲が対象になります。今回の場合、70未満の範囲にスタイルを適用したいので、引数rightに70を指定し、引数inclusiveには"neither"（上限値も下限値も含めない）を指定します。

補講 太字以外のスタイル

　style属性のapplymap()では、CSSの記述を使ってスタイルを指定します。そのため、太字以外にも文字色や背景色などさまざまなスタイルを適用できます。たとえば、今回のデータを使って「70点未満は白字で黒背景、それ以外は通常のまま」とする場合、リスト10.6のように記述します。

リスト10.6：文字色と背景色の変更

| In |

```python
def style_low_score(x):
    # 70点未満を白字・黒背景、それ以外を通常の文字にする
    # xは各要素の値
    style = (
        "color: white; background-color: black;"
        if x < 70
        else None
    )
    return style


# スタイルを適用する
df.style.applymap(
    style_low_score, subset=["国語", "数学", "理科", "社会"]
)
```

	生徒ID	国語	数学	理科	社会
0	ST001	70	97	80	78
1	ST002	**68**	89	78	92
2	ST003	88	92	90	98
3	ST004	71	100	79	**68**
4	ST005	73	87	**65**	**60**

　また、よく使われるスタイルに関してはあらかじめメソッドが用意されています。いずれも、引数 subset でスタイルを適用する列を指定可能です。表10.1 に、よく使われるものをまとめました。

表10.1：あらかじめ用意されているスタイルのメソッド

メソッド	説明	主な引数
highlight_null()	欠損値の背景色を変える	null_color:背景色。デフォルトは赤
highlight_between()	指定した範囲の背景色を変える	color:背景色。デフォルトは黄 left:下限値 right:上限値 nclusive:境界値を含めるか否かの設定 ("both"、"neither"、"left"、"right"のいずれか) props:CSSの設定
highlight_max()	最大値の背景色を変える	color:背景色。デフォルトは黄
highlight_min()	最小値の背景色を変える	color:背景色。デフォルトは黄
highlight_gradient()	値によって背景色をグラデーションにする	cmap:カラーマップ vmin:カラーマップの最小値に対応するデータの最小値 vmax:カラーマップの最大値に対応するデータの最大値
text_gradient()	値によって文字色をグラデーションにする	cmap:カラーマップ vmin:カラーマップの最小値に対応するデータの最小値 vmax:カラーマップの最大値に対応するデータの最大値

メソッド	説明	主な引数
bar()	表内に棒グラフを表示する	color:棒グラフの色 align:棒グラフの配置 vmin:棒グラフの最小値 vmax:棒グラフの最大値

　各メソッドの詳細な使い方は、pandasの公式ドキュメントを参照してください[2]。

　たとえば、70点以上80点以下の背景色を灰色にする場合、highlight_between()を使ってリスト10.7のように記述します。

リスト10.7：指定した範囲の背景色を変更

In

```python
# 70点以上80点以下の背景色を灰色にする
df.style.highlight_between(
    subset=["国語", "数学", "理科", "社会"],
    color="gray",
    left=70,
    right=80,
)
```

Out

	生徒ID	国語	数学	理科	社会
0	ST001	70	97	80	78
1	ST002	68	89	78	92
2	ST003	88	92	90	98
3	ST004	71	100	79	68
4	ST005	73	87	65	60

[2] Builtin styles | pandas公式ドキュメント
URL https://pandas.pydata.org/docs/reference/style.html#builtin-styles

また、bar()を使うと表内の各セルの背景に棒グラフを表示できます。リスト10.8のコードでは、最小値が0、最大値が100になるように灰色の棒グラフを表示しています。

リスト10.8：表内に棒グラフを表示

`In`

```
# 表内に棒グラフを表示する
df.style.bar(
    subset=["国語", "数学", "理科", "社会"],
    color="gray",
    vmin=0,
    vmax=100,
)
```

`Out`

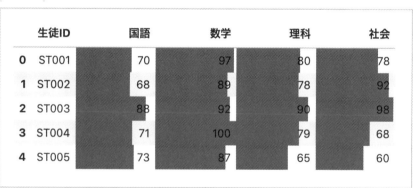

	生徒ID	国語	数学	理科	社会
0	ST001	70	97	80	78
1	ST002	68	89	78	92
2	ST003	88	92	90	98
3	ST004	71	100	79	68
4	ST005	73	87	65	60

平均値未満の値のスタイルを変えるには

「各列の平均値以下の値を太字にする」「各行の最大値を赤字にする」「前の行の値と同じなら背景色を灰色にする」など、個別の値ではなく他の値も参照してスタイルを適用したいことがあります。

本問では、列や行、DataFrame全体の値に基づいてスタイルを変える方法を扱います。

説明文

dataset/score.csvに、試験結果のデータが格納されています（リスト10.9）。

リスト10.9：データの準備

```
In
```

```
# データの読み込み
df = pd.read_csv("dataset/score.csv")
df
```

```
Out
```

	生徒ID	国語	数学	理科	社会
0	ST001	70	97	80	78
1	ST002	68	89	78	92
2	ST003	88	92	90	98
3	ST004	71	100	79	68
4	ST005	73	87	65	60

各教科の平均点はリスト10.10のようになっています。

リスト10.10：平均値の確認

| In |

```python
# 各教科の平均点を計算
df.mean(numeric_only=True)
```

| Out |

```
国語    74.0
数学    93.0
理科    78.4
社会    79.2
dtype: float64
```

問題

　Jupyter上で各教科の平均点未満の要素の背景色が灰色（CSSの色名**gray**）になるように、**df**にスタイルを適用してください。

∴ **期待する結果：（Jupyter上の表示結果）**

	生徒ID	国語	数学	理科	社会
0	ST001	70	97	80	78
1	ST002	68	89	78	92
2	ST003	88	92	90	98
3	ST004	71	100	79	68
4	ST005	73	87	65	60

平均値未満の値のスタイルを変えるには

リスト10.11：解答

| In |

```python
def style_below_mean(column):
    # 平均値未満の場合は「背景色が灰色」のCSSを返す
    # 引数columnには、各列のSeriesが渡される
    return column.apply(
        lambda x: "background-color: gray;"
        if x < column.mean()
        else None
    )


# スタイルを適用する
df.style.apply(
    style_below_mean, subset=["国語", "数学", "理科", "社会"]
)
```

解説

　DataFrameの**style**属性を使うと、Jupyter上でテーブル表示を行う際に
CSSでスタイルを適用できます。

　今回の問題でやりたいことは、「列の平均値未満の要素だけスタイルを変え
たい」です。「列の平均値」を使うので、個別の要素ではなく、列全体の値を
使ってスタイルを適用する必要があります。このように列全体の値を見てスタ
イルを適用する場合は、**style**が持つ**apply()**を使います（構文10.3）。

```
# 列全体の値を見てスタイルを適用する
df.style.apply( スタイルを作成する関数 , subset=適用する列名のリスト )
```

　第1引数には、スタイルを作成する関数を指定します。この関数を使って列ごとにスタイルを適用する場合、「引数でSeries（列）を受け取り、戻り値で適用するCSSが格納された1次元データ（リストやSeries、NumPy配列など）を返す」ように定義します。今回の場合、「列の平均値未満の場合、背景色を灰色にする」ようなスタイルを適用したいので、引数と戻り値は図10.1のようなイメージになります。

図10.1：apply( )で適用する関数の入出力イメージ

　この処理をfor文を使って書くと、リスト10.12のようになります。

リスト10.12：for文を使った書き方（冗長な例）

```
In
def style_below_mean(column):
    # 平均値未満の場合は「背景色が灰色」のCSSを返す
    # ※ 冗長な書き方
    style_list = []
    for x in column:
        style = (
```

```
            "background-color: gray;"
            if x < column.mean()
            else None
        )
        style_list.append(style)
    return style_list
```

　これは、引数の column の各要素（x）に対し「x が平均未満なら "background-color: gray;" に、それ以外は None にする処理」を適用することと同じです。そのため、Series の apply() を使ってリスト10.13のように書き直せます。

リスト10.13：Series の apply() を使った書き方

| In |

```
def style_below_mean(column):
    # 平均値未満の場合は「背景色が灰色」のCSSを返す
    return column.apply(
        lambda x: "background-color: gray;"
        if x < column.mean()
        else None
    )
```

　style.apply() の引数 subset には、スタイルを適用する列を指定します。今回の場合、列国語、数学、理科、社会だけに適用したいので、これらの列名を格納したリストを指定します。

別解 10.2 平均値未満の値のスタイルを変えるには

リスト10.14：別解

| In |

```
import numpy as np

df.style.apply(
    lambda column: np.where(
        column < column.mean(), "background-color: gray;", None
    ),
    subset=["国語", "数学", "理科", "社会"],
)
```

　解答では、スタイルを作成する関数をdefを使って定義しましたが、lambda式で記述しても問題ありません。また第1引数に指定する関数は、NumPyのwhere()を使うとより簡潔に記述できます。np.where()は、ブール値が格納された1次元データを使って値を指定できる関数です（構文10.4）。

構文10.4：ブール値に基づいてデータを置き換える

```
np.where(ブール値が格納された1次元データ, Trueの値, Falseの値)
```

補講　styleのapplymap()とapply()の違い

　style属性のapplymap()とapply()はどちらも関数を指定してスタイルを適用するメソッドですが、それぞれ機能が違います。

　applymap()は、各要素の個別の値だけを参照してスタイルを決めるときに使います。たとえば、次のようなケースです。

- 値がNaNだったら文字色を変える
- 値が負の値だったら太字にする
- 値がTrueだったら背景色を変える

　そのため、applymap()で指定する関数は、引数で各要素の値を受け取ります（図10.2の左側）。

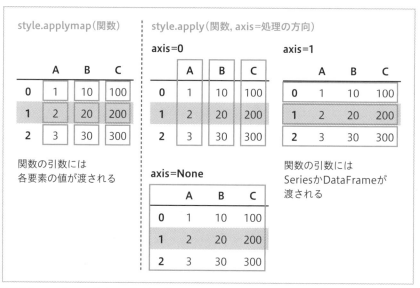

図10.2：applymap()とapply()の違いのイメージ

これに対し**apply()**は、各要素の個別の値だけではなく、行全体、列全体、あるいはDataFrame全体も含めてスタイルを決めるときに使います。たとえば、次のようなケースです。

- 列の平均値以下だったら太字にする（「列の平均値」が必要なので、列全体を参照する）
- 行の最大値だったら文字色を変える（「行の最大値」が必要なので、行全体を参照する）
- 前の行より値が大きかったら背景色を変える（「前の行の値」が必要なので、列全体を参照する）
- DataFrameの中で最小値だったら文字色を変える（「DataFrameの最小値」が必要なので、DataFrame全体を参照する）

そのため、**apply()**で指定する関数は、引数でSeriesかDataFrameの値を受け取ります（図10.2の右側）。処理の内容は、引数**axis**で指定します。

styleの**apply()**について、具体的に見てみましょう。リスト10.15のコードでは、「列ごとの最大値」と「行ごとの最大値」をそれぞれ太字にしています。

リスト10.15：列ごとの最大値・行ごとの最大値を太字にする

```
In
def style_max(sr):
    # 最大値の場合は太字にする
    # 引数srにはSeries（列または行）が渡される
    # （axis=0の場合は列のSeries、1の場合は行のSeries）
    return sr.apply(
        lambda x: "font-weight: bold;"
        if x == sr.max()
        else None
    )
```

```
# (1) デフォルト(axis=0): インデックス方向の処理となり、列の最大値が太字になる
df.style.apply(style_max, subset=["国語", "数学", "理科", "社会"])

# (2) axis=1: 列方向の処理となり、行の最大値が太字になる
df.style.apply(
    style_max, subset=["国語", "数学", "理科", "社会"], axis=1
)
```

引数axisの挙動は、DataFrameのapply()など他のメソッドにある
axisとほぼ同じです。デフォルト(axisが0)の場合、インデックス方向の
処理となり、style_max()の引数srには列のSeriesが渡されます。その結
果、列の最大値が太字になります(図10.3)。これに対し引数axisに1を指
定した場合は列方向の処理となり、srには行のSeriesが渡されます。その結
果、行の最大値が太字になります(図10.4)。

図10.3:axis=0のイメージ

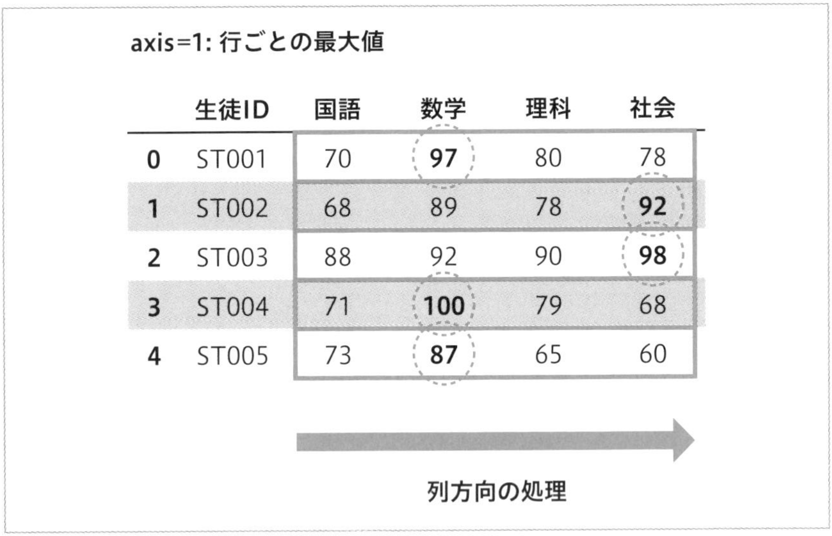

図10.4：axis=1のイメージ

次に、DataFrame全体を参照してスタイルを適用する例を見てみましょう。リスト10.16のコードでは、「DataFrame全体の最大値」を太字にしています。

リスト10.16：DataFrame全体の最大値を太字にする

```
In
def style_max(_df):
    # 最大値の場合は太字にする
    # 引数_dfにはDataFrameが渡される
    df_max = _df.max().max()  # DataFrame全体の最大値
    return _df.applymap(
        lambda x: "font-weight: bold;" if x == df_max else None
    )



# (3) axis=None: DataFrameの最大値が太字になる
df.style.apply(
    style_max, subset=["国語", "数学", "理科", "社会"], axis=None
)
```

DataFrame全体を参照する場合は、引数axisにNoneを指定します（図10.5）。style_max()は、引数でDataFrameを受け取り、戻り値でスタイルが格納されたDataFrameを返すように定義します。

axis=None: DataFrameの最大値

	生徒ID	国語	数学	理科	社会
0	ST001	70	97	80	78
1	ST002	68	89	78	92
2	ST003	88	92	90	98
3	ST004	71	**100**	79	68
4	ST005	73	87	65	60

図10.5：axis=Noneのイメージ

なお、リスト10.17のようにNumPyを使うと、引数axisが0、1、Noneのすべてのケースに対して対応できます。

リスト10.17：NumPyを使って汎用的にしたコード

```
In
def style_max(sr_or_df):
    # 最大値の場合は太字にする
    # 引数sr_or_dfには、SeriesまたはDataFrameが渡される
    array = sr_or_df.to_numpy()  # NumPy配列に変換
    # 要素の最大値と一致するかどうかを比較する
    return np.where(
        sr_or_df == np.max(array), "font-weight: bold;", None
    )
```

値が大きいほど 背景色を濃くするには

Jupyter上でDataFrameを表示する際に、数値の大小を色を使って可視化すると、直感的に把握しやすくなります。たとえば「温度が高いほど赤みのある色で、低いほど青みのある色で表す」「時刻データを、朝に近い時間帯ほど明るい色で、夜遅い時間帯ほど暗い色で表す」といったスタイルです。本問では、値の大小に対応して背景色をグラデーションにする方法を扱います。

説明文

dataset/score.csvに、試験結果のデータが格納されています（リスト10.18）。

リスト10.18：データの準備

```
In
```

```
# データの読み込み
df = pd.read_csv("dataset/score.csv")
df
```

```
Out
```

	生徒ID	国語	数学	理科	社会
0	ST001	70	97	80	78
1	ST002	68	89	78	92
2	ST003	88	92	90	98
3	ST004	71	100	79	68
4	ST005	73	87	65	60

問題

　Jupyter上で表示した時に、50点が一番薄い青色、100点が一番濃い青色[3]になるように背景色をグラデーションにしてください。

⣀ 期待する結果：（Jupyter上の表示結果）

	生徒ID	国語	数学	理科	社会
0	ST001	70	97	80	78
1	ST002	68	89	78	92
2	ST003	88	92	90	98
3	ST004	71	100	79	68
4	ST005	73	87	65	60

[3] ヒント：このグラデーションの配色はデフォルトのカラーマップを使えばよいです。

10.3 値が大きいほど背景色を濃くするには

リスト10.19：解答

| In |

```
# 最小値50、最大値100で背景色をグラデーションにする
df.style.background_gradient(
    subset=["国語", "数学", "理科", "社会"], vmin=50, vmax=100
)
```

解説

　DataFrameの style 属性の background_gradient() を使うと、値の大小に応じて背景色を変更できます。background_gradient() を使う際には、Matplotlibのインストールが必要です[4]。background_gradient() は、構文10.5のように使います。

構文10.5：値に応じて背景色をグラデーションに変更

```
# 値に応じて背景色をグラデーションにする
df.style.background_gradient(
    cmap=カラーマップ,
    subset=適用する列名のリスト,
    vmin=カラーマップの最小値に対応するデータの最小値,
    vmax=カラーマップの最大値に対応するデータの最大値,
)
```

　引数 cmap には、カラーマップを指定します。カラーマップとは、ここではグラデーションで使う色の組み合わせの設定のことです。カラーマップの名前

[4] Matplotlibのインストールについては、第0章0.2節「使い方（2）ローカルPC上のJupyter上で解く」の「環境構築」を参照してください。

を示す文字列（**"Reds"** や **"plasma"** など）や、Matplolib の Colormap 型の
オブジェクトなどを指定します。

　引数 **cmap** が未指定の場合、デフォルトでは **"PuBu"** という名前のカラー
マップが使用されます。Matplotlib の **get_cmap()** を使うと、指定したカ
ラーマップの中身を確認できます（リスト10.20）。

リスト**10.20**：カラーマップ「PuBu」

| In |

```
import matplotlib

# カラーマップ「PuBu」の中身を確認
matplotlib.cm.get_cmap("PuBu")
```

| Out |

PuBu

☐ under　　　　　　　　　　bad ☐　　　　　　　　　　over ■

　今回の問題では、値が小さいほど薄い青色、値が大きくなるほど濃い青色に
なるようにグラデーションを設定したいので、デフォルトの **"PuBu"** を使います。

　引数 **vmin** と **vmax** には、カラーマップの最小値・最大値に対応するデータ
の値を指定します。今回の場合、50点が一番薄くなるようにしたいので **vmin**
には **50**、100点が一番濃くなるようにしたいので **vmax** には **100** を指定しま
す[5]。

　最後に、引数 **subset** にはスタイルを適用する列をリストで指定します。今
回は列国語、数学、理科、社会を指定したいので、これらの列名を格納したリ
ストを指定します。

---

[5] 値が最小値の50より小さいときは、50と同じ色で表示されます。同様に、値が最大値の100を超える
　　場合は100と同じ色で表示されます。

グラデーションの
カスタマイズ

補講

　今回は青色の濃淡で値の大小を表現しました。しかし、データによって直感的にわかりやすいカラーマップは違います。たとえば利益を表す値の場合、まず「赤字か黒字か（0より大きいかどうか）」が関心事項としてあります。そのため、負の値は赤系統の色、正の値は青系統の色で表現した方がわかりやすいでしょう。また、時刻や角度など周期的な値は、最小値と最大値が同じ色であることが望ましいです。

　`background_gradient()`の引数`cmap`では、Matplotlibで用意されている160以上ものカラーマップを利用できます。指定可能なカラーマップの文字列は、Matplotlibの`colormaps()`で確認できます（リスト10.21）。

リスト10.21：カラーマップの一覧の確認

```
In
```

```
# Matplotlibで用意されているカラーマップの一覧を確認
matplotlib.pyplot.colormaps()
```

```
Out
```

```
['magma',
 'inferno',
 'plasma',
(略)
 'tab20_r',
 'tab20b_r',
 'tab20c_r']
```

　Matplotlibの`get_cmap()`でカラーマップ名を指定すると、各カラーマップを確認できます。たとえば、`"magma"`は次のような結果になります。値が小さいほど濃い紺色、値が大きいほど明るい黄色になるため、温度などを表す

ときはデフォルトの**"PuBu"**より**"magma"**の方が直感的にわかりやすいでしょう（リスト10.22）。

リスト10.22：カラーマップ「magma」

| In |

```
# カラーマップ「magma」を確認
matplotlib.cm.get_cmap("magma")
```

| Out |

また、カラーマップ名の末尾に_rをつけると、そのカラーマップの大小を逆転できます。たとえば、**"magma"**を逆転させた**"magma_r"**はリスト10.23のようになります。

リスト10.23：カラーマップ「magma」を反転

| In |

```
# カラーマップ「magma」を反転
matplotlib.cm.get_cmap("magma_r")
```

| Out |

magma_r

□ under   bad □   over ■

カラーマップは、表10.2の4種類に大別できます。

表10.2：カラーマップの種類

種類	説明	例
連続的	色の明度や彩度が段階的に変化するようなカラーマップ。	`"viridis"`、`"magma"`、`"Reds"`、`"PuBu"`など
発散的	最小値と最大値が同程度の明度で、中央の値で明度が最大になるようなカラーマップ。中央の値が重要な意味を持つときに使う。	`"PiYG"`、`"coolwarm"`など
周期的	最小値と最大値が同じ色になるようなカラーマップ。時刻や角度など、周期的な値を表現するときなどに使う。	`"twilight"`、`"hsv"`など
定性的	特に法則性のない雑多な色。順序性や関係性を持たない情報を表現するときに使う。	`"Paired"`、`"Pastel1"`など

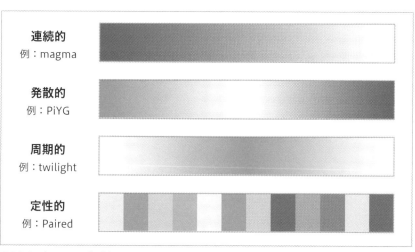

連続的
例：magma

発散的
例：PiYG

周期的
例：twilight

定性的
例：Paired

図10.6：カラーマップの例

　すべてのカラーマップのサンプルは、Matplotlibの公式ドキュメント[6]で確認できます。

---

[6] Colormap reference | Matplotlib公式ドキュメント
URL https://matplotlib.org/stable/gallery/color/colormap_reference.html

Jupyterのセルの途中でDataFrameを表示するには

Jupyterでは、セルの末尾にDataFrameの変数を書いて実行すると、データが見やすく整形されて表示されます。しかし実務では、for文の中など、セルの末尾以外でデータを確認したいこともあります。本問では、セルの末尾に限らず任意の場所でDataFrameを整形して表示する方法を扱います。

説明文

dataset/score.csvに、試験結果のデータが格納されています（リスト10.24）。

リスト10.24：データの準備

```
In
```

```
# データの読み込み
df = pd.read_csv("dataset/score.csv")
df
```

```
Out
```

	生徒ID	国語	数学	理科	社会
0	ST001	70	97	80	78
1	ST002	68	89	78	92
2	ST003	88	92	90	98
3	ST004	71	100	79	68
4	ST005	73	87	65	60

各教科が90点以上の生徒のデータを表示したいです。しかし、リスト10.25のように、print()を使ってDataFrameを表示すると出力結果が見づらい

です。

リスト10.25：列ごとに条件に一致するDataFrameを表示

| In |

```
for column in ["国語", "数学", "理科", "社会"]:
    filtered_df = df[df[column] >= 90]
    print(f"==={column}が90点以上の生徒のデータ===")
    print(filtered_df)  # 90点以上の生徒のデータを表示
```

| Out |

```
===国語が90点以上の生徒のデータ===
Empty DataFrame
Columns: [生徒ID, 国語, 数学, 理科, 社会]
Index: []
===数学が90点以上の生徒のデータ===
    生徒ID   国語   数学   理科   社会
0  ST001   70    97   80   78
2  ST003   88    92   90   98
3  ST004   71   100   79   68
===理科が90点以上の生徒のデータ===
    生徒ID   国語   数学   理科   社会
2  ST003   88    92   90   98
===社会が90点以上の生徒のデータ===
    生徒ID   国語   数学   理科   社会
1  ST002   68    89   78   92
2  ST003   88    92   90   98
```

問題

　次のように、ループ内の `filtered_df` がJupyter上で整形されて表示されるようコードを修正してください。

◌ **期待する結果：（Jupyter上の表示結果）**

===国語が90点以上の生徒のデータ===

	生徒ID	国語	数学	理科	社会

===数学が90点以上の生徒のデータ===

	生徒ID	国語	数学	理科	社会
0	ST001	70	97	80	78
2	ST003	88	92	90	98
3	ST004	71	100	79	68

===理科が90点以上の生徒のデータ===

	生徒ID	国語	数学	理科	社会
2	ST003	88	92	90	98

===社会が90点以上の生徒のデータ===

	生徒ID	国語	数学	理科	社会
1	ST002	68	89	78	92
2	ST003	88	92	90	98

解答 10.4 Jupyterのセルの途中で DataFrameを表示するには

リスト10.26：解答

```
In
```

```python
for column in ["国語", "数学", "理科", "社会"]:
    filtered_df = df[df[column] >= 90]
    print(f"==={column}が90点以上の生徒のデータ===")
    display(filtered_df)  # DataFrameを整形して表示
```

解説

Jupyterのセルの末尾にDataFrameを書くと、DataFrameの中身が見やすく整形されて表示されます。セルの途中でもこのように表示したい場合、display()を使います。

pandasの行を省略させずに表示するには

pandasには、Jupyter上でDataFrameを表示するときの最大表示行数や列数、列幅の最大値など、さまざまな設定があります。本問では、pandasの行を省略せずに表示させる方法を扱います。

説明文

dataset/score_long.csvに、試験結果のデータが100人分格納されています（リスト10.27）。

リスト10.27：データの準備

```
In
```

```python
# データの読み込み
df = pd.read_csv("dataset/score_long.csv")
df
```

	生徒ID	国語	数学	理科	社会
0	ST001	70	97	80	78
1	ST002	68	89	78	92
2	ST003	88	92	90	98
3	ST004	71	100	79	68
4	ST005	73	87	65	60
...	...	...	...	...	...
95	ST095	88	78	85	91
96	ST096	81	98	92	88
97	ST097	83	83	88	78
98	ST098	78	83	84	75
99	ST099	89	100	89	79

100 rows × 5 columns

デフォルトでは、Jupyterのセルの末尾にdfと入力して実行しても DataFrameの途中の行が省略されてしまい、すべての行を一度に確認することができません（リスト10.32のOut）。

問題

Jupyter上でdfに含まれるすべての行を表示するよう、コードを記述してください。

期待する結果：（Jupyter上の表示結果）

dfの中身が省略されずに100行すべて表示されること

解答
10.5
pandasの行を省略させずに表示するには

リスト10.28：解答

| In |

```python
# 表示する行の最大値を無制限に設定
pd.set_option("display.max_rows", None)
df
```

解説

　pandasでは、DataFrameの行が60行を超えると自動的に行を省略して表示します。この設定を変更するには、pandasの **pd.set_option()** を使って行の最大値の設定を更新します。

　pd.set_option() は、pandasの設定を更新するための関数です。構文10.6のようにpandasの設定項目と設定値を指定して使います。

構文10.6：pandasの設定値の更新

```python
# pandasの設定値を更新する
pd.set_option(設定項目, 設定値)
```

　最大表示行数は、次のように **"display.max_rows"** で指定可能です。今回は100行のDataFrameを全行表示したいので、最大行数には **None**（無制限）か **100** 以上の値を設定します（構文10.7）。

構文10.7：DataFrameの最大表示行数の設定

```python
# DataFrameの最大表示行数を設定する
pd.set_option("display.max_rows", 最大行数)
```

　なお、最大表示行数を無制限にすると行数が多いときに表示に時間がかかったり、ipynbファイルのサイズが大きくなったりします。設定値をデフォルト

値に戻したいときは、リスト10.29のように`pd.reset_option()`を使います。

リスト10.29：pandasの設定のリセット

```
In
```

```python
# 設定をリセット
pd.reset_option("display.max_rows")
```

また、リスト10.30のように`pd.option_context()`を使うと、withブロック内に絞って設定を適用できます。withブロックを抜けると、設定はリセットされます。

リスト10.30：有効な範囲を指定して設定

```
In
```

```python
with pd.option_context("display.max_rows", None):
    # このブロック内でのみ、最大行数が無制限になる
    display(df)


# ブロックを抜けると、設定はリセットされる
```

別解 10.5 pandasの行を省略させずに表示するには

リスト10.31：別解

| In |

```
# 表示する行の最大値を無制限に設定
pd.options.display.max_rows = None
```

`pd.set_option()`を使わずに、`pd.options`の属性を直接更新することも可能です。

その他のpandasの設定

pandasには、DataFrameの最大表示行数（"display.max_rows"）以外にもさまざまな設定項目が存在します。表10.3は、よく使う設定項目です。

表10.3：よく使う設定項目

設定項目	説明
display.max_rows	最大表示行数。指定した行数を超えると表示が省略される。
display.max_columns	最大表示列数。指定した列数を超えると表示が省略される。
display.max_colwidth	列幅の最大値。指定した幅に収まらない場合は表示が省略される。
display.float_format	浮動小数点数の書式。
display.precision	浮動小数点数の小数点以下の桁数。

すべての設定項目は、pd.describe_option()で確認できます（リスト10.32）。

リスト10.32：pandasの設定の説明を表示

```
In
```

```
# すべての設定項目の説明を確認
pd.describe_option()
```

```
Out
```

```
compute.use_bottleneck : bool
    Use the bottleneck library to accelerate if it is installed,
    the default is True
    Valid values: False,True
    [default: True] [currently: True]
```

（略）

```
styler.sparse.index : bool
    Whether to sparsify the display of a hierarchical index. ➡
Setting to False will
    display each explicit level element in a hierarchical key ➡
for each row.
    [default: True] [currently: True]
```

　また、`pd.describe_option("display.max_rows")`のように第1引数に設定項目を指定することで、指定した項目の説明だけを表示できます。

数値の書式を指定するには

小数点以下の桁数の指定やパーセント表記の有無など、適切な書式が設定されているとデータが見やすくなります。本問では、数値の書式を指定する方法を扱います。

説明文

`dataset/ctr.csv`に、ある架空の広告の月ごとの表示数、クリック数、クリック率、クリック数の変化率が格納されています（リスト10.33）。

リスト10.33：データの準備

```
In
```

```
# データの読み込み
df = pd.read_csv("dataset/ctr.csv")
df
```

```
Out
```

	月	表示数	クリック数	クリック率	クリック数の変化率
0	2022-01	2010	162	0.080597	NaN
1	2022-02	2140	158	0.073832	-0.024691
2	2022-03	2429	198	0.081515	0.253165
3	2022-04	2340	198	0.084615	0.000000

問題

次のように、列**クリック率**と列**クリック数の変化率**が小数点以下3桁までの数値になるよう丸めて表示してください。なお、変更するのは表示上の書式だけで、元の**df**のデータは変更しないでください。

期待する結果：（Jupyter上の表示）

	月	表示数	クリック数	クリック率	クリック数の変化率
0	2022-01	2010	162	0.081	nan
1	2022-02	2140	158	0.074	-0.025
2	2022-03	2429	198	0.082	0.253
3	2022-04	2340	198	0.085	0.000

数値の書式を指定するには

リスト10.34：解答

| In |

```python
# 列「クリック率」「クリック数の変化率」が小数点以下3桁までの数値になるよう丸める
df.style.format(precision=3)
```

解説

　pandasでは、デフォルトでは小数点以下6桁までを表示します。元のData
Frameの値を変えずに表示上の小数点以下の桁数を変えるには、**style**属性
の**format()**が使えます（構文10.8）。

構文10.8：小数点以下の表示桁数を指定

```python
# 小数点以下の表示桁数を指定
df.style.format(precision=小数点以下の表示桁数)
```

　今回の場合、浮動小数点数を小数点以下3桁まで表示したいので、引数
precisionには3を指定します。

　style属性を通して変わるのは、表示上の書式だけです。元のDataFrame
の値は変わりません。そのためリスト10.35のように列**クリック率**の中身を確
認すると、実際には小数第四位以下の値も含まれていることがわかります。

リスト10.35：実際のデータを確認

| In |

```python
# 実際のデータを確認
df["クリック率"].to_numpy()
```

| Out |

```
array([0.08059701, 0.07383178, 0.08151503, 0.08461538])
```

style属性の format() には、これ以外にもさまざまな指定方法があります。詳しくは別解や補講を参照してください。

数値の書式を指定するには

その1

リスト10.36：別解

```
In
```

```
# 列「クリック率」「クリック数の変化率」が小数点以下3桁までの数値になるよう丸める
df.style.format("{:.3f}", subset=["クリック率", "クリック数の変化率"])
```

style属性のformat()では、第1引数（引数formatter）に書式を指定することも可能です（構文10.9）。

構文10.9：書式の指定

```
# 指定した列に書式を適用
df.style.format(書式, subset=適用する列名のリスト)
```

書式には、Pythonのstrのformat()で指定可能な書式文字列を指定できます。今回の場合、浮動小数点数を小数点以下3桁まで表示したいので"{:.3f}"を指定します。

その2

リスト10.37：別解

```
In
```

```
# 小数点以下の桁数を設定
pd.set_option("display.precision", 3)
df
```

pd.set_option()を使って小数点以下の桁数を指定することも可能です（リスト10.37）。display.precisionという設定項目によって、Jupyter上でdfを表示したときの小数点以下の桁数を変更できます[7]。

また、styler.format.precisionの値を変更すると、Jupyter上でdf.styleを表示したときの小数点以下の桁数を変更できます。この場合、df表示時の桁数は変わりません（リスト10.38）。

リスト10.38：df.style表示時の小数点以下の桁数を設定

`In`

```
# 小数点以下の桁数を設定
pd.set_option("styler.format.precision", 3)
df.style
```

pd.set_option()を使うと、実行しているJupyterのカーネル上のDataFrameやSeriesのすべての表示に影響を与えます。状況に応じて使い分けましょう。

---

[7] ただし、欠損値の表示が期待する結果とやや異なります（この方法ではNaN、期待する結果ではnan）。dfではなくdf.styleを実行すると、期待する結果と同じ表示になります。

style.format()の
その他の設定

style属性のformat()は、浮動小数点数以外にもさまざまな書式の設定が可能です。

たとえば、**1,000,000**のように1000の位ごとに区切り文字を入れたい場合は、引数thousandsで区切り文字を指定します（リスト10.39）。

リスト10.39：1000の位ごとに区切り文字を挿入

```
In
```

```
# 1000の位ごとにカンマ（,）を入れる
df.style.format(thousands=",")
```

```
Out
```

	月	表示数	クリック数	クリック率	クリック数の変化率
0	2022-01	2,010	162	0.080597	nan
1	2022-02	2,140	158	0.073832	-0.024691
2	2022-03	2,429	198	0.081515	0.253165
3	2022-04	2,340	198	0.084615	0.000000

また、列ごとに異なる書式を指定したい場合は、第1引数で「キーが列名、値が書式となるような辞書」を指定します。たとえば、列**クリック率**と列**クリック数の変化率**で異なる書式を適用したい場合、リスト10.40のように指定します。

リスト**10.40**：列ごとに異なる書式を指定

| In |

```
# 列「クリック率」は小数点以下が3桁の小数で、
# 列「クリック数の変化率」は小数点以下が2桁のパーセント表記で表示する
df.style.format({"クリック率": "{:.3f}", "クリック数の変化率": "{:.2%}"})
```

| Out |

	月	表示数	クリック数	クリック率	クリック数の変化率
0	2022-01	2010	162	0.081	nan%
1	2022-02	2140	158	0.074	-2.47%
2	2022-03	2429	198	0.082	25.32%
3	2022-04	2340	198	0.085	0.00%

この他、`style.format()`にはさまざまな機能があります。表10.4によく使われるものをまとめました。

表**10.4**：`style.format()`の引数

引数	説明
`formatter`	書式。Pythonの`str`の`format()`で指定可能な書式文字列を指定できる。{列名1: 書式1, 列名2: 書式2}のように列ごとに異なる書式を指定することも可能。
`na_rep`	欠損値の代替文字列。
`precision`	浮動小数点数の精度。
`decimal`	小数点の区切り文字として使用される文字列。
`thousands`	桁の区切り文字として使用される文字列。
`hyperlinks`	`https://`、`http://`、`ftp://`、`www.`を含む文字列パターンを、指定した種類のハイパーリンクにする。`"html"`ならHTMLの`<a>`タグ、`"latex"`ならLaTeXの`href`。

複数のスタイルを
適用するには

実務でデータを確認する際には、複数のスタイルを適用したり、同じスタイルを使い回したりすることがよくあります。このようなとき、愚直にコードを記述すると、コードの可読性が下がったり流用しづらくなったりしがちです。本問では、複数のスタイルを簡潔な記述で適用させる方法を扱います。

説明文

dataset/ctr.csvに、ある架空の広告の月ごとの表示数、クリック数、クリック率、クリック数の変化率が格納されています。リスト10.41のように、インデックスを月にして読み込みます。

リスト10.41：データの準備

| In |

```
# データの読み込み
df = pd.read_csv("dataset/ctr.csv", index_col="月")
df
```

| Out |

月	表示数	クリック数	クリック率	クリック数の変化率
2022-01	2010	162	0.080597	NaN
2022-02	2140	158	0.073832	-0.024691
2022-03	2429	198	0.081515	0.253165
2022-04	2340	198	0.084615	0.000000

問題

次のように複数のスタイルを各列に適用してください。

1. 列**クリック率**と列**クリック数の変化率**を、小数点以下が2桁のパーセント表記にする
2. 欠損値は−で表記する
3. 列**表示数、クリック数、クリック率**の最大値の背景色を薄灰色（CSSの色名 lightgray）にする
4. 列**クリック数の変化率**が負の値の場合、背景色を赤色（CSSの色名 red）にする

⋮ 期待する結果：（Jupyter上の表示結果）

月	表示数	クリック数	クリック率	クリック数の変化率
2022-01	2010	162	8.06%	-
2022-02	2140	158	7.38%	-2.47%
2022-03	2429	198	8.15%	25.32%
2022-04	2340	198	8.46%	0.00%

複数のスタイルを
適用するには

リスト10.42：解答

```
In
```

```python
def apply_style(styler):
    # 小数点以下が2桁のパーセント表記、欠損値の−表記
    styler.format(
        "{:.2%}", subset=["クリック率", "クリック数の変化率"], na_rep="−"
    )
    # 各列の最大値の背景色を薄灰色に変える
    styler.highlight_max(
        subset=["表示数", "クリック数", "クリック率"], color="lightgray"
    )
    # 負の値の場合、背景色を赤にする
    styler.highlight_between(
        subset=["クリック数の変化率"],
        color="red",
        right=0,
        inclusive="neither",
    )
    return styler


# スタイルを一括で適用
df.style.pipe(apply_style)
```

解説

　複数のスタイルをまとめて扱いたい場合は、`style`属性の`pipe()`が便利です。`pipe()`では、スタイルの設定処理をまとめた関数を指定することで、複数のスタイルを一括で適用できます（構文10.10）。

構文10.10：複数のスタイルを関数を使ってまとめて適用

```
df.style.pipe(スタイル設定処理の関数)
```

　スタイル設定処理の関数は、次のように定義します（構文10.11）。

- 引数で、Stylerオブジェクトを受け取る
- 引数で受け取ったStylerオブジェクトを使って、スタイル設定の処理を行う
- 戻り値で、Stylerオブジェクトを返す

構文10.11：スタイル設定処理関数の書き方

```
def スタイル設定処理の関数(styler):  # 引数でStylerオブジェクトを受け取る
    # スタイルの設定処理を行う
    # ...
    return styler  # 設定後のStylerオブジェクトを返す
```

　Stylerとは、DataFrameやSeriesにスタイルを適用するためのクラスです。Stylerクラスを使うと、DataFrameからHTMLのテーブルを作成し、CSSを使ってスタイルを適用できます。そのため、StylerオブジェクトをJupyter上で実行すると、DataFrameにスタイルが適用されて表示されます。DataFrameの`style`属性や、`style`属性を通してスタイルを適用するメソッド（`style.format()`や`style.highlight_max()`など）の結果は、Stylerオブジェクトになります。

　今回行うスタイル設定は「パーセント表記」「欠損値の表記」「最大値の背景色変更」「負の値の背景色変更」の4つです。

　まず「パーセント表記」と「欠損値の表記」は、`style`属性の`format()`が使えます（構文10.12）。

構文10.12：「パーセント表記」と「欠損値の表記」を指定

```
# 指定した列に書式を設定する
styler.format(書式, subset=適用する列名のリスト, na_rep=欠損値の代替文字列)
```

今回は小数点以下が2桁のパーセント表記にしたいので、第1引数には`{:.2%"}`を指定します。また引数`na_rep`には、`"-"`を指定します。

次に「最大値の背景色変更」には、`highlight_max()`が使えます（構文10.13）。

構文10.13：最大値の背景色を変更

```
# 指定した列の最大値の背景色を変更する
styler.highlight_max(subset=適用する列名のリスト, color=背景色)
```

今回は薄灰色にしたいので、引数`color`には`"lightgray"`を指定します。

最後に「負の値の背景色変更」には、`highlight_between()`が使えます（構文10.14）。

構文10.14：指定した範囲の背景色を変更

```
# 指定した範囲の背景色を変える
styler.highlight_between(
    subset=適用する列名のリスト,
    color=背景色,
    left=下限値,
    right=上限値,
    inclusive=境界値の含め方の設定,
)
```

今回は0未満のスタイルを設定したいので、引数`right`に0を指定し、引数`inclusive`を`"neither"`（上限値も下限値も含めない）に指定します。下限はないので、引数`left`は指定しません。背景色は赤なので、引数`color`に`"red"`を指定します。なお、リスト10.42では引数`subset`を指定していますが、今回のデータでは列 **クリック数の変化率**以外に負の値を含む列が存在しないため、未指定でも結果は変わりません。

　複数のスタイルを適用する場合、`pipe()`を使わずに、次のようにメソッドを繋げて適用することも可能です。しかし、スタイルを使い回しにくいという欠点があります。同じスタイルを使い回したい場合は、`pipe()`を利用するとよいでしょう（リスト10.43）。

リスト10.43：`pipe()`を使わない書き方

| In |

```python
# pipe()を使わずに複数スタイルを適用する例
df.style.format(
    "{:.2%}", subset=["クリック率", "クリック数の変化率"], na_rep="-"
).highlight_max(
    subset=["表示数", "クリック数", "クリック率"], color="lightgray"
).highlight_between(
    subset=["クリック数の変化率"],
    color="red",
    right=0,
    inclusive="neither",
)
```

補講　スタイルを適用したExcelの出力

style属性の**to_excel()**を使うと、一部のスタイルを適用したままExcelファイルの出力が可能です[8]。

リスト10.44のコードでは、今回の問題で使ったスタイルを適用したまま、Excelファイル**styler.xlsx**に出力しています。

リスト10.44：Excelファイルへの出力

```
In
```

```
# スタイルを適用した状態でExcelファイルに出力
df.style.pipe(apply_style).to_excel("styler.xlsx")
```

出力されたExcelファイルは図10.7のようになります（一部、見やすいように列幅を手動で変更しています。なおExcelで表示した場合、セルの幅や環境によって表示される桁数が変わることがあります）。

月	表示数	クリック数	クリック率	クリック数の変化率
2022-01	2010	162	0.0805970149253731	
2022-02	2140	158	0.0738317757009345	-0.0246913580246913
2022-03	2429	198	0.0815150267599835	0.253164556962025
2022-04	2340	198	0.0846153846153846	0

図10.7：出力されたExcelファイル（styler.xlsx）

今回適用したスタイルのうち、背景色の変更は反映されていますが、パーセント表記や欠損値表記は反映されていないことがわかります。

このように、Stylerオブジェクトの**to_excel()**で出力できるのは一部のスタイルだけです。背景色、文字色、太字などのスタイルは反映されますが、**format()**で適用した書式や**bar()**で適用した棒グラフなどは反映されません。

---

[8] to_excel()を使用するには、openpyxlのインストールが必要です。pip install openpyxlでインストールを行ってください。

　代替方法として、小数点以下の桁数は`to_excel()`の引数`float_format`で指定可能です。ただしこの方法では浮動小数点数が格納された列すべてに書式が適用されるため、列ごとに異なる桁数を指定することはできません。書式を細かくカスタマイズしてExcelに出力したい場合は、出力用のDataFrameを用意して、スタイルではなく中身の値を直接変更するなどの対応をするとよいでしょう。

おわりに

より学びたい人へ

　お疲れさまでした！ 本書では、pandasに関する問題を9つのトピックに分けて出題しました。

　問題を解いてみて、改めて基礎知識を補完したいと思った方もいれば、より実務的・応用的なことを学びたいと思った方もいるでしょう。今後のさらなる学習のために、参考になるPyQのコンテンツを紹介します。

- **PyQ「データ分析」コース**（ URL https://pyq.jp/courses/44/）
  pandasやNumPy、Matplotlibなど、Pythonを使ったデータ分析で必要なライブラリーの使い方を学べます。本書を解く中で、知識が不足していると感じた箇所を復習するとよいでしょう。

- **PyQ「実務で役立つPython」コース**（ URL https://pyq.jp/courses/37/）
  コーディング規約、pytestを使ったユニットテストの書き方、ログ出力、docstringによるドキュメント、設計などについて学べます。データ処理を行う実務的なスクリプトを作成する上で役に立ちます。

　また、他のユーザーから刺激を得たり、イベントで新しい情報に触れることは、長期的な学習のモチベーションに繋がります。ユーザー同士の交流やイベント参加に役立つサイトを紹介します。

- **connpass - エンジニアをつなぐIT勉強会支援プラットフォーム**
  （ URL https://connpass.com/）
  エンジニア向けの技術イベントの参加や開催ができるサイトです。Python、データ分析、機械学習など、さまざまな勉強会を見つけて参加できます。

- **PyCon JP**（ URL https://pyconjp.connpass.com/）
  PyConとは、Pythonに関する技術について情報交換や交流をするためのカンファレンスです。年に1回開催されるPyCon JPの他、各地でチュートリアル講座を行うPython Boot Campなどがあります。

- **PyData.Tokyo**（ URL https://pydatatokyo.connpass.com/）
  Python+Dataをテーマにしたコミュニティです。さまざまなテーマで不定期にイベントが開催されており、毎回200人以上の人たちが参加しています。

INDEX

PROFILE

株式会社ビープラウド

Pythonシステム開発のプロフェッショナルチーム。IT勉強会支援サービスconnpassなど多数の開発実績を基に、Python教育事業、技術書籍執筆も行う。

PyQ

PyQは実務的なプログラミングを身につけるPython学習サービスです。
「あらゆるプロに、Pythonを学びやすく」をミッションとして開発・運用を行っています。

株式会社ビープラウド PyQチーム
斎藤 努(さいとう・つとむ)

東京工業大学大学院理工学研究科情報科学専攻修士課程修了。
2023年現在、株式会社ビープラウドにてPyQや数理最適化案件などを担当。
技術士（情報工学）。
主に第2章〜第7章を担当。

株式会社ビープラウド PyQチーム
古木 友子(ふるき・ともこ)

筑波大学大学院システム情報工学研究科修士課程修了。
ソフトウエア開発会社にてシステム開発およびPythonによるデータ活用の経験を経て、2023年現在、株式会社ビープラウドにてデータ解析などの業務に従事。
主に第8章〜第10章を担当。

装丁・本文デザイン　大下 賢一郎

装丁写真　iStock / Tarchyshnik

DTP　株式会社シンクス

校正協力　佐藤弘文

pandasデータ処理ドリル
Pythonによるデータサイエンスの腕試し

2023年 3月15日　初版第1刷発行

著者
株式会社ビープラウド、PyQチーム、斎藤 努（さいとう・つとむ）、古木 友子（ふるき・ともこ）

発行人　佐々木幹夫

発行所　株式会社翔泳社（https://www.shoeisha.co.jp）

印刷・製本　株式会社ワコープラネット

ⓒ 2023 BeProud Inc.

本書は著作権法上の保護を受けています。本書の一部または全部について（ソフトウェアおよびプログラムを含む）、
株式会社翔泳社から文書による許諾を得ずに、
いかなる方法においても無断で複写、複製することは禁じられています。

本書へのお問い合わせについては、ii ページに記載の内容をお読みください。

落丁・乱丁はお取り替えいたします。03-5362-3705 までご連絡ください。

ISBN978-4-7981-7086-2
Printed in Japan